现代计算机技术与通信系统研究

张亚芳 田 野 著

中国原子能出版社

U0665656

图书在版编目（CIP）数据

现代计算机技术与通信系统研究 / 张亚芳，田野著.
北京：中国原子能出版社，2024. 11. -- ISBN 978-7
-5221-3886-2

Ⅰ.TP3；TN914

中国国家版本馆 CIP 数据核字第 2024BQ1027 号

现代计算机技术与通信系统研究

出版发行	中国原子能出版社（北京市海淀区阜成路 43 号　100048）
责任编辑	潘玉玲
责任印制	赵　明
印　　刷	北京天恒嘉业印刷有限公司
经　　销	全国新华书店
开　　本	787 mm×1092 mm　1/16
印　　张	15.5
字　　数	213 千字
版　　次	2024 年 11 月第 1 版　2024 年 11 月第 1 次印刷
书　　号	ISBN 978-7-5221-3886-2　　　定　价　93.00 元

网址：http://www.aep.com.cn　　　　E-mail：atomep123@126.com
发行电话：010-88828678

版权所有　侵权必究

前　　言

在 21 世纪的科技浪潮中，计算机技术与通信系统作为信息技术的两大支柱，正以前所未有的速度推动着全球社会的变革与进步。随着互联网的普及、移动通信的飞跃，以及大数据、云计算、人工智能等新兴技术的兴起，现代计算机技术与通信系统已成为连接世界、重塑未来的关键力量。本书正是在这一时代背景下应运而生，旨在深入探索计算机技术与通信系统的发展成果，揭示其内在规律与未来趋势。

本书内容广泛而深入，涵盖计算机技术的基础理论、网络结构、通信协议、业务终端、交换路由及接入传送等多个方面。不仅详细阐述计算机的一般特征与类别、技术发展历程及其对现代社会的深远影响，还深入剖析计算机体系结构的奥秘、操作系统与软件工程的精髓。同时，本书还聚焦于计算机网络与通信系统的核心技术，包括网络体系结构、数据通信原理、现代通信网架构及其支撑技术，以及高速光纤通信、无线通信、综合业务接入等前沿技术。

本书力求做到理论与实践相结合，既注重理论知识的系统性和深度，又强调实际应用的广泛性和可操作性。采用通俗易懂的语言，对复杂的技术原理进行深入浅出的阐述，使读者能够轻松掌握计算机技术与通信系统的核心要点。此外，本书还注重前瞻性与创新性的结合，总结当前领域的最新研究成果，还对未来发展趋势进行展望和预测，为读者提供了宝贵的参考和启示。

　　本书的出版，将为广大科技工作者、教育工作者以及对计算机技术与通信系统感兴趣的读者提供一本全面、系统、权威的参考书。它不仅能够帮助读者深入了解计算机技术与通信系统的基本原理和最新进展，还能够激发读者的创新思维和实践能力，为推动信息技术的发展和应用贡献智慧和力量。

　　本书在写作的过程中得到许多专家学者的指导和帮助，在此表示诚挚的谢意。书中所涉及的内容难免有疏漏与不够严谨之处，希望读者和专家能够积极批评指正，以待进一步修改。

目　　录

第一章　现代计算机技术概论

在当今这个日新月异的数字化时代,计算机技术作为推动社会进步与产业升级的核心力量,其发展与变革深刻影响着人类社会的每一个角落。从最初的简单计算工具到如今高度集成、智能化的信息处理系统,计算机技术不仅实现了处理能力的飞跃,更在促进信息流通、优化资源配置、加速科技创新等方面展现出了前所未有的活力与潜力。本章重点阐述计算机的一般特征与类别、计算机技术的发展与工作原理、计算机技术对现代社会发展的影响。

第一节　计算机的一般特征与类别

一、计算机的一般特征

第一,计算机的自动化运行能力。这一特性允许计算机在预设程序指导下自主执行复杂操作,无须人工持续介入,极大地提升了任务处理的效率与准确性,是计算机技术最引以为傲的特质。

第二,计算机高运算速度。无论是巨型计算机以每秒千万亿次的惊人速度,还是微型计算机亦能达到每秒亿次以上的处理能力,都充分展示了计算机在解决大规模、高复杂度科学计算问题上的非凡能力，推动了科学研究边界的拓展。

第三，计算机的高精确度。计算机计算过程中，数字位数的灵活调整确保了结果的极致准确，满足了从基础科学研究到精密工程控制等多领域对精确性的严苛要求。

第四，计算机的存储能力。计算机"记忆"功能让海量信息的保存与检索成为可能。现代计算机存储技术已能将庞大如数百万字的知识库浓缩于方寸之间，如光盘与闪存盘等介质，极大地促进了信息的共享与传承。

第五，计算机的逻辑判断能力。这一特性不仅使计算机擅长于数值计算，更赋予了其处理非数值数据的能力，如逻辑推理、模式识别等，从而跨越了计算边界，广泛应用于信息管理、自动化控制、智能辅助等多个领域，为社会的信息化、智能化发展提供了强有力的技术支持。

二、计算机的类别划分

计算机从 1946 年诞生并发展到今天，其种类繁多，可以从不同的角度对计算机进行划分。

（一）依据信息表示形式和处理方式进行划分

在计算机科学的广阔领域中，信息的表示与处理占据着举足轻重的地位，其核心可以清晰地划分为离散量与连续量两大类别。离散量，亦称断续量，它以一种非连续的方式——即二进制数字（0 和 1 的组合）来精确表示数据。这种表示方法不仅简化了数据的内部处理与存储过程，还极大地提升了计算的精确度和存储容量，是现代数字计算机，特别是电子数字计算机，能够高效运行的关键所在。

与此同时，连续量则通过模拟自然界中连续变化的物理量（如电压的振幅）来表征信息。在模拟计算机中，连续量被直接用于运算过程，这种直观的方式在处理物理过程模拟时具有显著优势。然而，模拟计算机的计算精度受限于模拟元件的精度及环境稳定性，且其电路结构复杂，抗干扰能力较弱。尽管如此，早期模拟计算机的发展，如美国贝尔实验室及中国天津市电子仪器厂的开创性工作，不仅丰富了计算技术的多样性，也为后续计算技术的发展积累了宝贵的经验。

基于计算机信息表示形式与处理方式的差异，可以将计算机划分为以下三大类别：

第一，数字计算机。数字计算机内部信息完全以数字形式（0 和 1）表示，具有高精度、大存储量及强通用性等特点，是当今社会最为普遍和重要的计算工具；

第二，模拟计算机。模拟计算机采用连续变化的模拟量进行信息处理，虽在特定领域有其独特优势，但受限于精度与复杂性，其应用逐渐减少；

第三，数字模拟混合计算机。数字模拟混合计算机融合了前两者的优点，既能处理数字信息，又能处理模拟信号，为复杂问题的求解提供了更为灵活和强大的计算能力。中国自 20 世纪 60 年代中期以来，在混合计算技术领域的积极探索与成就，如 M-2、M-6 等型号混合计算机的研制成功，不仅彰显了我国在计算技术领域的创新实力，也为全球计算技术的发展贡献了重要力量。

（二）依据计算机的用途进行划分

第一，通用计算机。通用计算机以其广泛的适用性和全面的功能特性，成为众多领域不可或缺的基础设施。它们能够灵活应对多样化的计算需求，从科学研究到日常办公，从数据处理到复杂模拟，均展现出强大的应用能力。

第二，专用计算机。专用计算机针对特定应用场景进行高度定制化设计，其硬件与软件配置紧密围绕解决特定问题而构建，如工业自动化中的控制计算机、商业零售领域的收银系统等，均体现了专用计算机在提升特定领域工作效率与精度方面的独特优势。

（三）依据计算机的规模与性能进行划分

在计算机技术的广阔领域中，根据其规模、处理速度及功能特性，可细分为巨型计算机（亦称超级计算机）、大型计算机、小型计算机、微型计算机及工作站五大类别。这些分类之间的根本差异体现在体积维度、架构设计复杂度、能耗水平、性能指标、数据存储容量、指令集架构，以及软件生态支持等多个维度上。

第一，巨型计算机。巨型计算机作为计算领域的巅峰之作，以其无与伦比的处理速度、海量数据处理能力及高昂的成本著称，专为解决极端复杂的科学计算难题而设计，如精确模拟洲际导弹轨迹、实施高精度的长期天气预报、支持航天器的精准导航等，是科研与工程领域的核心驱动力。

第二，大型计算机。大型计算机虽在规模上略逊于巨型机，但仍拥有强大的运算与数据存储能力，是大型企业、科研机构及数据处理密集型部门的优选。其高可靠性、可扩展性及定制化的软件解决方案，确保了数据处理的高效与精准，如 IBM 等大型机供应商持续为市场提供价值百万美元级别的解决方案。

第三，小型计算机。小型计算机以其适中的规模、较低的成本及灵活的部署方式，成为中小型企业及科研单位的理想选择。它们不仅满足基本的科学计算需求，还能有效处理日常的数据管理任务，由 IBM、HP、SUN 等行业巨头推出的系列小型机，凭借其卓越的性价比赢得了广泛的市场认可。

第四，微型计算机。微型计算机即个人计算机（PC），以其小巧的体积、低功耗、经济实惠及高度的普及性，成为了信息时代的基本工具。无论是台式机还是笔记本形式，PC 均展现了极高的性能价格比，广泛应用于教育、娱乐、商务等多个领域，极大地推动了信息技术的普及与发展。

第五，工作站。工作站作为微型计算机的高端形态，位于小型计算机与

PC 之间，以其高分辨率显示、大容量存储、强大的信息处理及图形图像处理能力而著称。专为 CAD/CAM、办公自动化等专业应用设计，工作站不仅提升了工作效率，还为用户提供了更为丰富和专业的计算体验，是专业领域内不可或缺的重要工具。值得注意的是，此处讨论的工作站与网络环境中的工作站概念有所区分，后者可能涵盖更广泛的 PC 范畴，而前者则特指具备更高规格配置的计算机系统。

第二节　计算机技术的发展与工作原理

自计算机诞生以来，短短数十年间，其作为科技进步的标志性成果，已深刻且持续地重塑着人类社会的每一个角落。计算机科学与技术的蓬勃发展，不仅奠定了计算机设计、程序设计与实现、信息处理、算法设计与优化等多个研究方向的坚实基础，还极大地拓宽了信息技术的边界，引领了信息时代社会结构的深刻变革与发展路径的多元化。计算机作为信息时代的关键驱动力，不仅加速了社会生产效率的飞跃，还促进了知识传播、文化交流与全球互联的空前繁荣，成为推动社会全面进步不可或缺的重要工具。

一、计算机的发展历程

追溯计算机的发展历程，其起点可追溯到 20 世纪 40 年代末期，标志性事件是 1956 年在美国宾夕法尼亚大学诞生的 ENIAC 计算机，这一里程碑式的成就标志着电子计算机时代的正式开启。然而，计算机的诞生并非偶然，它是长期技术积累与社会需求交织的必然产物，更是人类智慧与文明长期发展的结晶。

（一）计算机的诞生阶段

计算作为人类应对自然挑战与促进文明进步的关键活动，其发展历程见证了从原始计数工具到现代电子计算机器的飞跃。初期，人类利用石子、贝壳等自然物进行简单计数，随后，随着社会对计算需求的增长，算盘等手动计算工具应运而生，这些工具通过物理位移（如算珠的移动）实现数据的表示与存储，但算法的执行仍高度依赖于人工干预，体现了人机协作的初步形态。

进入 17 世纪，随着机械技术的进步，特别是钟表业中齿轮传动装置的革新，为机械式计算机器的诞生奠定了技术基石。布莱斯·帕斯卡所创的十进制加法机，首次将机械原理应用于算术运算，标志着计算工具向自动化迈出的重要一步。随后，莱布尼兹在此基础上进一步发展，设计出能执行四则运算的演算机，展现了机械计算能力的显著提升。

至 19 世纪，查尔斯·巴比奇设计的差分机，不仅提升了计算的自动化程度，更重要的是，其设计中蕴含的程序控制思想，为后续计算机的发展奠定了理论基础。巴比奇机的可编程性，通过穿孔卡片实现算法的动态调整，极大地增强了计算的灵活性与效率，预示着现代计算机体系结构的雏形。

进入 20 世纪中叶，随着电子技术的迅猛发展，尤其是真空管技术的成熟应用，计算机迎来了电子时代。霍华德·艾肯的 MARK 系列机电式计算机，虽在问世不久后即被电子计算机所取代，但其作为过渡时期的代表，展示了机械与电子融合的尝试。而 ENIAC 的诞生，则标志着通用电子计算机时代的到来，它凭借庞大的真空管阵列，实现了计算速度与能力的巨大飞跃，尽管其编程方式仍显笨拙，但为后续计算机技术的发展指明了方向。同期英国研制的 COLOSSUS 计算机，以其卓越的密码破译能力，展现了电子计算机在特定领域的巨大潜力。这一系列技术突破，不仅推动了科学计算的进步，更为信息技术革命奠定了坚实基础，开启了人类社会发展的新纪元。

（二）计算机的发展阶段

电子计算机的发展与半导体工业是互相促进的，电子器件的发展也是推动计算机不断发展的一个核心因素。根据电子计算机所采用的电子逻辑器件的发展，一般将现代电子计算机的发展划分为以下四个阶段：

1. 计算机电子管时代阶段

20 世纪前半叶，许多后来被证明对计算机科学有着重大意义的技术相继出现，包括第一代电子计算机所使用的最基本元器件——电子管①。这一时期，计算机的核心构造依托于电子真空管与继电器，它们共同构成了处理器与存储系统的基石。数据处理采用严格的二进制机器语言，形式化为"0"与"1"的序列，极大地限制了计算机的应用范畴，主要集中于高精度的科学计算与军事领域的专项任务。尽管如此，该阶段计算机的发展标志着人类信息处理能力的巨大飞跃，尽管伴随着体积庞大、操作迟缓、能耗高企及造价不菲等显著局限性。代表性的机型如 ENIAC、EDVAC，以及后续批量生产的 UNIVAC，均成为了这一技术革命时期的重要里程碑。

2. 计算机晶体管时代阶段

随着技术的持续演进，计算机发展步入晶体管时代，时间轴迁移至 1955 年至 1964 年，这一时期的标志性转变在于采用晶体管作为基本电子元件，彻底替代了笨重的电子管，实现了计算能力的显著提升。与此同时，内存技术亦取得重大突破，磁芯存储器应运而生，成为内存储的主流解决方案，其由杰出科学家如美籍华人王安等人的贡献而得以广泛应用。运算速度方面，第二代计算机普遍达到甚至超越了十万次每秒的级别，为更广泛的数据处理需求提供了可能。此外，软件技术的发展亦不容小觑，监控程序的引入以及 Cobol、Fortran 等高级编程语言的诞生，极大地丰富了计算机的编程手段与应用场景，促使计算机从单一的计算工具向多领域应用平台转变，包括数据处理、工程设计、气象预测、过程控制以及科学研究等多个方面。

---

① 王谦. 计算机技术发展史话发展篇——电子管晶体管计算机时代 [J]. 北京宣武红旗业余大学学报，2009（2）：59.

3. 计算机集成电路时代阶段

在计算机技术的历史长河中，1965—1970 年标志着计算机集成电路时代的显著飞跃。此阶段，随着电子制造业的蓬勃兴起，计算机的基础架构完成了从中、小规模集成电路的转型，实现了电子元件的高度集成化。几平方毫米的硅基片上，能够精密地嵌入数十乃至数百个晶体管逻辑电路，这一革命性突破得益于基尔比与诺伊斯等先驱的共同努力，他们共同奠定了集成电路技术的基础。这一时期，计算机性能迎来质的飞跃：内存储器采用性能优化的半导体材料，存储能力显著提升，运算速度更是跃升至几十万至几百万次每秒的新高度。同时，软件技术的长足进步，不仅催生了操作系统与编译系统的诞生，还丰富了程序设计语言的多样性，如 BASIC 等交互式语言的出现，极大地促进了人机交互的便捷性。IBM 公司推出的 S/360 系列计算机，作为该时代的标志性成果，以其多样化的型号（涵盖大、中、小型机）和卓越的性能，展现了集成电路计算机在体积、速度、稳定性及应用广泛性上的全面优势。

4. 大规模、超大规模集成电路时代阶段

自 1971 年起，半导体技术的持续革新引领计算机行业迈入了大规模、超大规模集成电路的新纪元。这一时期的计算机，其核心部件采用了集成度空前提升的集成电路，极大地增强了计算效能，运算速度飙升至几百万次每秒乃至数万亿次每秒的惊人水平。技术进步不仅体现在硬件层面，计算机体系结构与软件技术同样经历了深刻变革。并行处理、多机协作及计算机网络的快速发展，为数据处理能力带来了质的飞跃。同时，数据库系统、分布式操作系统及多样化实用软件的涌现，进一步丰富了计算机的应用生态。第四代计算机以其强大的性能与广泛的应用潜力，深刻改变了数据处理、工业控制、辅助设计、图像与语言识别等多个领域，其影响力已远远超越专业领域，广泛渗透至社会生活的每一个角落，甚至走进了千家万户，成为现代社会不可或缺的基础设施之一。

（三）计算机的发展趋势

随着 21 世纪的全面到来，人类社会步入了一个前所未有的网络时代与超高速信息社会构建期。在这一背景下，计算机技术的发展展现出了一系列鲜明且积极的发展趋势，为科技进步与社会发展注入了强劲动力。

第一，计算机技术的巨型化趋势显著。计算机的巨型化不是简单意义的体积变大，而是致力于提升计算机的运算空间、运算速度以及运算模式的精准度等。军事、生物工程以及天文等领域，对于计算机技术的应用性能有更高的要求，需要通过巨型计算机才能体现应用效果①。

第二，微型化作为计算机技术发展的另一重要方向，得益于微电子技术与超大规模集成电路的持续进步，实现了计算机体积的显著缩减与便携性的大幅提升。从膝上型到笔记本乃至掌上型计算机，微型机凭借其高度集成的CPU 芯片与日益增强的性能，赢得了市场的广泛认可，成为个人与商务应用的主流选择，进一步促进了信息技术的普及与应用。

第三，多媒体化趋势的兴起，标志着计算机信息处理能力的飞跃。通过将文字、声音、图像、视频及动画等多种信息形式无缝集成，多媒体计算机不仅丰富了信息表达手段，还极大地增强了人机交互的沉浸感与直观性。多媒体技术与网络技术的深度融合，更是推动了"三电一体"的实现，即计算机、电话与电视的有机融合，为信息社会的全面发展奠定了坚实基础。

第四，网络化作为计算机技术发展的标志性特征之一，通过构建覆盖广泛、互联互通的网络体系，实现了全球范围内资源、数据与信息的即时共享与高效利用。计算机网络，特别是互联网的普及，不仅深刻改变了人们的生活方式、工作模式与社交形态，还促进了全球经济一体化的进程，加速了知识创新与技术传播的速度。

---

① 李娟. 计算机技术应用的现状与发展 [J]. 电子技术与软件工程，2017（7）：141.

第五，智能化作为计算机技术的前沿探索方向，旨在赋予计算机以模拟人类智能活动的能力，包括感知、决策、学习及问题求解等。智能化技术的发展，不仅预示着传统程序设计范式的变革，还极大地扩展了计算机的应用领域，使其能够在更多复杂场景下替代或辅助人类完成脑力劳动。当前，全球范围内对智能型计算机的研发热情高涨，这不仅是对计算机技术本身的挑战，更是人类追求更高效、更智能生活方式的必然体现。

二、计算机的工作原理

在计算机发展的初期，ENIAC 作为先驱者，尽管开创了电子计算的新纪元，却未能实现程序与计算的内在整合，其显著局限在于程序指令的外部存储与手工配置，极大地限制了计算效率与自动化程度。这一状况在 1946 年迎来了根本性转变，美籍匈牙利科学家提出的程序存储式电子数字自动计算机构想，即"冯·诺依曼原理"，为计算机体系结构的现代化奠定了基石。

冯·诺依曼方案的实施，迅速催生了 EDVAC 这一里程碑式的设计，它标志着计算机从手动接线、程序外置的原始形态，跃升至自动执行、程序内置的崭新阶段。EDVAC 的创新之处在于其内部集成的存储单元，能够存储并自动执行程序指令，彻底摆脱了人工干预的束缚，实现了计算过程的连续与高效。此外，EDVAC 的五大部分——运算器、控制器、存储器、输入设备与输出设备的协同工作，不仅优化了计算机的硬件结构，也深刻影响了后续计算机系统的设计思路。

"存储程序控制"原理的核心在于将程序视为数据的一部分存储在计算机内部，并通过指令流驱动硬件执行。这一过程实现了计算的自动化与智能化。该原理的四个工作步骤，从程序与数据的输入，到指令的解析与执行，再到运算结果的反馈与输出，构成了一个闭环的、可重复执行的计算流程，极大地提升了计算机的处理能力与灵活性。

第三节　计算机技术对现代社会发展的影响

随着计算机技术的飞速发展，它在人们的社会生活中的地位越来越重要，已经被应用到社会生产和生活的各个领域中，并显示出了强大的生命力。

一、推动社会生产力的发展

自工业革命以来，人类社会在科技的驱动下历经了三次具有里程碑意义的技术飞跃，其中，以电子计算机为核心的第三次技术革命尤为显著，它标志着现代信息技术步入了一个全新的发展阶段。此次革命通过精准击破科学转化为实际生产力的中间障碍，极大地加速了科技成果向生产力的转化进程。电子计算机的普及与应用，不仅增强了信息技术的稳定性、时效性和效率，还极大地丰富了信息资源的获取与传输途径，实现了信息量的爆炸式增长。

这一技术革命的影响深远且广泛，它不仅促进了信息技术自身的飞跃，还催化了多个新兴产业的诞生与繁荣，如现代物流体系的重构、电子商务的蓬勃发展以及生物技术的创新应用等。信息技术作为当代科技发展的先锋，其广泛应用不仅巩固了科技作为社会核心生产力的地位，还极大地推动了社会生产力的全面进步，为经济的持续增长注入了强劲动力，显著提升了民众的生活品质与福祉。

二、推动社会经济大幅提升

从社会经济层面来看，计算机技术的深入渗透正深刻改变着经济结构的面貌。它促使信息产业从第三产业中脱颖而出，逐步演化为一个独立的、充满活力的第四产业，引领着经济发展的新方向。此外，计算机技术的广泛应用还通过创造大量就业机会、促进产业效率提升等方式，直接推动了社会经济的快速增长。这种变革不仅拓宽了经济发展的边界，也为社会经济体系注入了新的活力与增长点，为构建更加繁荣、可持续的经济发展模式奠定了坚实基础。

三、提高生产和工作效率

计算机技术的持续进步，作为现代科技的标志性成果，不仅极大地丰富了人类社会的生产工具集，还深刻重塑了生产与工作的生态格局。在工业化进程中，计算机及其衍生技术逐步渗透至生产链的各个环节，显著提升了生产自动化与智能化水平，有效减轻了人力在重复性、高强度任务中的负担。这一转变促使工人队伍的技能结构发生质变，脑力劳动的比重显著增加，工人更多地参与到创新设计、优化管理等高附加值活动中，推动了生产力水平的飞跃。

具体而言，在生产实践中，计算机技术的应用极大提升了设计与制造的效率与精度。计算机辅助设计（CAD）等工具的普及，使复杂设计过程得以简化，设计师能够专注于创意与构思，加速了产品从概念到实物的转化过程。同时，计算机控制下的自动化生产线实现了生产流程的精准控制与高效协同，不仅提升了产品的一致性与质量，还显著缩短了生产周期，降低了成本，为制造业的转型升级提供了强大动力。此外，在极端或高风险作业环境中，计算机控制的机器人技术有效替代了人工操作，保障了人员安全，推动了生产环境的持续优化。

四、提高日常生活质量

计算机技术已全方位融入人们的日常生活，成为提升生活质量不可或缺的一部分。在信息处理方面，计算机技术以其强大的数据处理与呈现能力，为人们提供了便捷的文字编辑、音频处理、图像设计等多元化服务。在教育领域，计算机辅助教学（CAI）的广泛应用，丰富了教学手段，增强了教学内容的互动性与趣味性，促进了教育资源的均衡分配与高效利用。医疗领域则借助智能系统与机器人技术，实现了精准医疗与远程诊疗，提升了医疗服务质量与可及性。

计算机技术与通信技术的深度融合，构建了全球互联的信息网络，极大地缩短了人与人之间的距离，使得远程办公、在线教育、在线医疗等新型服务模式成为可能，极大地丰富了人们的生活方式与选择。在科学研究与决策制定中，计算机技术的引入不仅加速了复杂问题的求解速度，还通过数据分析与模拟预测，为科学探索与战略决策提供了强有力的支持，推动了社会决策的科学化与精细化。

综上所述，计算机技术的不断进步正以前所未有的力度推动着社会生产与生活方式的深刻变革，为提升人类社会的整体福祉与可持续发展能力奠定了坚实基础。这一发展态势预示着，随着技术的持续演进与应用领域的不断拓展，人类社会将迎来更加智能、高效、和谐的发展新时代。

第二章 现代计算机技术基础

随着科技的飞速发展，计算机体系结构的日益复杂与多样化，以及软硬件技术的深度融合，为现代计算技术奠定了坚实的基础。本章重点分析计算机体系结构与硬件组成、计算机操作系统的管理与协调、计算机软件工程的开发管理。

第一节 计算机体系结构与硬件组成

一、计算机的体系结构

计算机体系结构的概念，作为软件设计者对计算机硬件系统的一种抽象认知与分析框架，其核心聚焦于系统内部各组件间的相互关系及其组织方式。这一视角不仅促进了软件设计的优化，还深刻影响着计算技术的演进路径。在计算机科学领域，体系结构通常被界定为程序设计者所面对的计算机系统特性集合，它融合了硬件子系统的结构蓝图与功能特性的综合表达，特别聚焦于传统机器层面，即机器语言编程视角下的系统属性。这一经典视角下的体系结构，实质上构成了软硬件交互的桥梁，明确了二者间的功能边界。程序员在掌握这些属性后，能够确保所编写的程序与硬件特性相契合，从而实现程序在目标机器上的高效、稳定运行。因此，计算机体系结构的精髓在于界定软硬件接口，其上承载着软件的逻辑实现，其下则支撑起硬件与固件的具体执行，共同构成了计算系统的基石。

随着技术的持续革新，计算机体系结构的概念边界不断扩展，逐渐纳入了更广泛的议题，如计算机组成与实现技术的深入探讨。这一广义的体系结构概念，不仅涵盖了传统机器级的结构与功能特性，还延伸至对系统性能优化、能效管理、安全机制等多方面的考量。其中，指令系统作为连接硬件与软件的关键纽带，其设计细节如字长、数据类型处理、指令集构成、寻址模式、数据传输控制策略及异常处理机制等，均成为提升程序质量与系统效能的关键要素。

在此背景下，计算机体系结构的研究重心进一步聚焦于硬件与软件功能的合理划分，力求在保障系统灵活性、可扩展性的同时，实现性能与成本的最优配置。这一过程不仅推动了计算技术的进步，也为软件开发者提供了更为丰富的工具与资源，促进了软件应用的创新与繁荣。

二、计算机的硬件组成

计算机硬件的构成，作为计算机体系架构的具体物化形式，建立在明确界定的硬件系统概念框架与功能特性基础之上。这一过程涉及细致规划各组件的详细配置，旨在实现计算机体系结构的逻辑蓝图。现代计算机硬件体系沿袭了冯·诺依曼体系架构的核心理念，其核心组件主要包括运算单元、控制单元、存储介质、输入接口设备以及输出接口设备。这些关键部件通过先进的总线技术和接口机制紧密相连，共同构建起一个功能完备的计算平台。

尽管冯·诺依曼体系架构奠定了现代计算机设计的基础，但它并未直接预见总线的引入。总线作为计算机技术演进的重要成果，现已成为系统内各组件间高效传输数据的核心通道，极大地提升了数据处理效率。

（一）计算机处理器

随着硬件集成技术的飞跃，运算与控制功能及其辅助电路被精妙地封装于单一集成电路芯片之中，这一集成化产物即为处理器，或称中央处理单元（CPU）。作为计算机系统的中枢，CPU 不仅集成了运算器与控制器的功能，还配备了高速寄存器群，这些寄存器专为暂存数据设计，确保了数据处理的高效性。CPU 的工作流程严谨而高效：它从存储器中检索指令与数据，随后将其载入内部寄存器以待处理。在控制单元的精确调控下，指令被解析为一系列微操作，并触发相应的控制信号，驱动计算机执行复杂多样的计算任务。

1. 运算器

运算器作为计算机体系结构的基石，承担着执行算术与逻辑运算的核心职责。其逻辑架构的构筑，紧密关联于指令集体系结构、数据编码方式、运算策略以及硬件电路设计等多个维度。运算策略的核心逻辑在于，复杂多变的计算任务均可归约为基础的四则运算与逻辑运算，而四则运算的精髓则聚焦于加法操作。通过补码机制实现减法向加法的转换，结合加减操作与位移技术的巧妙融合，可进一步达成乘除运算的高效执行。对于浮点数的处理，则依赖于阶码与尾数运算的协同作用，确保了高精度数值计算的实现。

为确保运算器能够精确且高效地履行其运算职责，需明确以下关键方面：

（1）需清晰界定运算所需数据的来源及运算结果的归宿。运算器直接操作的数据多源自其内部寄存器阵列，这些寄存器数量灵活，从数个至数百个不等，旨在以最快速度供给运算所需数据，并需具备灵活指定参与运算的寄存器及结果接收寄存器的能力。同时，需精确管理数据的流动时序，确保数据在适当的时间点被送入运算流程，并在运算完成后即时、准确地被接收存储。这些寄存器本质上是由触发器组成的时序逻辑组件，专为临时数据存储与传输而设计。

（2）需明确运算器所应执行的具体运算功能。这包括为数值数据选择恰当的算术运算类型，为逻辑数据配置合适的逻辑运算规则。运算器的单次运算过程往往由多个连续的时间段构成，这些时间段内，组合逻辑电路迅速完成数据运算功能的实现。

运算器的效能展现，离不开与计算机系统中其他部件的紧密协作。运算器需依赖外部输入（如内存或输入设备）源源不断地获取待处理数据，并通过总线这一关键组件，将运算结果高效传递至输出设备或内存，从而全面体现其计算处理的价值与效能。总线作为连接运算器与其他部件的桥梁，同样基于组合逻辑电路设计，但其本质特性决定了其不具备数据存储功能，专注于数据的快速传输。

2. 控制器

（1）控制器的功能。控制器作为指挥中枢，确保了计算机程序得以高效、有序地执行。控制器的功能集中体现在对计算机各功能部件的精准调度与协同控制上，确保每一条程序指令都能按照既定逻辑准确无误地分步完成，从而实现指令流的连续、自动执行。这一过程不仅体现了计算机处理任务的精确性，也彰显了其高效运作的能力。

（2）控制器的组成。控制器的构成是复杂而精细的，主要由 CPU 寄存器组、操作控制部件及时序部件三大核心组件构成。

第一，CPU 寄存器组。CPU 寄存器组作为信息存储与传递的关键环节，通过一系列专用寄存器（如指令指针 IP/程序计数器 PC、指令寄存器 IR、地址寄存器 AR、累加器 AC 及状态标志寄存器）的协同工作，有效管理指令地址与数据内容，为指令的执行提供必要的上下文信息。

第二，操作控制部件。操作控制部件是控制器中的决策与执行中心，它依据指令的操作码及时序信号，生成一系列精确的操作控制信号，这些信号如同指挥棒，引导着计算机内部各部件建立正确的信息通路，确保取指令与执行指令过程的准确无误。该部件的实现方式多样，包括组合逻辑电路、微码控制以及组合逻辑与微码的结合等，均旨在提升指令执行的灵活性与效率。

第三，时序部件。时序部件作为控制器的时间管理大师，严格把控着各项操作的执行时序，确保所有操作都在精确的时间框架内完成。它由主时钟源提供基准时间信号，通过节拍发生器细化时间单位，形成一系列有序的时序脉冲，再由启停控制逻辑根据程序执行状态灵活调整，实现对操作过程的精确时间控制。这一机制为计算机程序的稳定、可靠运行提供了坚实的时序保障。

（二）计算机存储器

计算机存储器作为计算机系统的核心记忆单元，负责存储与检索程序指令及数据，是冯·诺依曼架构不可或缺的组成部分。该架构下的计算机，其所有信息流转，从初始输入数据、执行中的程序代码、运算过程中的临时结果到最终输出成果，均依赖于存储器的有效管理。存储器体系依据其与 CPU 的交互效率及物理位置，可划分为两大层次：主存储器（内存）与辅助存储器（外存）。内存作为 CPU 直接访问的存储空间，其速度优势显著，是程序执行时数据交换的主要场所。而外存，尽管访问速度相对较慢，但以其大容量特性，成为长期数据存储与备份的理想选择。尽管 CPU 寄存器高度集成的特性使其被视作存储体系中的特殊存在，既不是内存也不是外存，而是 CPU 内部的高速暂存空间。

1. 计算机的多级存储系统

计算机存储系统呈现出多级架构，旨在平衡存储容量、访问速度与成本之间的关系。内存作为最接近 CPU 的存储层次，直接参与 CPU 的数据处理流程，确保了高速的数据交换能力。而外存，尽管访问效率较低，但通过其大容量特性,为系统提供了丰富的数据存储资源。随着技术进步,高速缓冲存储器(Cache)的引入,进一步细化了内存层次,通过缓存机制减少 CPU 对主存的直接访问次数,显著提升了系统整体性能。

把存储器分为多个层次主要基于下述原因:

(1)在优化存储器系统的设计中,有效调和速度与成本之间的张力,以追求卓越的性能价格比。存储器性能的核心考量维度涵盖容量、存取速度及成本,这三者之间往往存在相互制约的关系,直观展现了不同类型存储器在容量、速度与价格上的权衡。具体而言,存取速度的提升往往伴随着单位价格的增长,而大容量存储器的实现则受限于成本考量,不得不妥协于较低的存取速度。为缓解高速 CPU 与主存速度不匹配的问题,高速缓存技术应运而生,它巧妙地利用了速度更快但成本较高的半导体材料,专注于缓存 CPU 频繁访问的指令与数据。这一策略通过增加相对有限的成本,实现了系统响应速度的显著提升,有效平衡了性能与成本的需求。

(2)磁盘、磁带等外存设备以其低廉的价格、庞大的存储容量及断电数据不丢失的特性,成为长期数据存储与备份的理想选择,它们不仅便于信息的长久保存,还具备易于复制与携带的优势,极大地丰富了数据存储与管理的灵活性。

为了最大化利用各类存储技术的优势,分级存储策略应运而生,这是一种高度集成的存储解决方案,通过整合不同成本、容量及读写速度的存储介质,构建了一个统一而高效的存储器系统。在这一体系中,每种存储介质根据其特性被赋予不同角色,共同协作以满足多样化的存储需求。分级存储的层次结构遵循着价格递减、容量递增、访问时间延长及 CPU 访问频度减少的规律,从而实现了从高速缓存到低速外存的平滑过渡,显著提升了系统的整体性能价格比,是当前解决存储器性能瓶颈与需求增长矛盾的最优技术路径。

2. 主存储器和高速缓冲存储器

（1）主存储器。主存储器作为现代计算机架构中的核心组件，负责存储当前执行程序及其所需数据。它通过高效集成的地址、数据及控制总线接口，与中央处理单元（CPU）及其他系统部件紧密相连，确保了数据访问的即时性与准确性。其设计精妙，主要由存储体矩阵、地址译码机制、驱动与读写电路，以及时序控制单元等核心模块构成，每一部分均对提升存储性能与效率至关重要。

在构造层面，主存储器利用了先进的半导体技术，将数以亿计的存储单元紧凑地集成于单个芯片之上，进而通过特定的扩展策略，将这些芯片级联成庞大的存储体阵列，实现了海量信息的集中管理与快速访问。这种高度集成的存储结构，不仅大幅提升了存储密度，还显著降低了系统成本。

依据信息存取特性的不同，现代主存储器被划分为两大基本类别：易失性随机访问存储器（RAM）与非易失性只读存储器（ROM）。

第一，RAM。RAM，作为计算机体系中的核心存储组件，其核心特性在于能够实现对存储单元的无序、即时访问，且此过程不受存储单元物理位置的影响，确保了数据处理的高效性与灵活性。在半导体技术的推动下，RAM 元件细分为静态随机存取存储器（SRAM）与动态随机存取存储器（DRAM）两大类别。

SRAM 凭借其内部双稳态触发器所赋予的稳定状态保持能力，在持续供电条件下，能够稳固地维持数据状态，并快速响应读写需求，展现出卓越的读写速度与稳定性，但相应的制造成本也较高。相比之下，DRAM 则巧妙地利用 MOS 电路中的栅极电容来存储信息，尽管其存储机制要求定期刷新以防止电荷泄漏导致的数据丢失，但这一设计显著提升了集成度并降低了功耗，进而使得 DRAM 成为构建大容量内存系统的经济高效之选。因此，在主流的内存配置中，DRAM 被广泛采用，而追求极致速度的高速缓存（Cache）则倾向于采用 SRAM 技术。

具体到产品形态，内存条（如 DIMM）作为 RAM 技术的集大成者，通过将多个 RAM 集成块高效整合于一块小型电路板上，极大地节省了空间并简化了安装流程，直接插接于计算机的内存插槽中，实现了模块化与可扩展性。

展望未来，RAM 存储器领域正迎来一场技术革新，磁随机存取存储器（MRAM）作为新兴技术的代表，融合了 SRAM 的高速读写优势与 DRAM 的高集成度特性，同时凭借其近乎无限的写入寿命，展现出巨大的应用潜力。MRAM 技术的成熟与应用，预示着内存存储元件将迈向一个更加高效、可靠且持久的未来，为计算机系统的性能提升与数据存储安全提供强有力的支持。

第二，ROM。ROM 作为一种非易失性存储介质，其核心特性在于其数据读取的单一方向性——即在机器运作期间仅支持数据读取操作，禁止写入，从而确保了存储内容的稳定性和持久性，即便在无电源供应的情境下亦能长期保持信息不丢失。ROM 主要承载的是预定义的、频繁访问的固定信息集，如计算机的初始配置参数（BIOS）及固件产品中的核心程序，这些信息的固定性确保了系统启动与基础功能运行的可靠性和高效性。

从物理实现的角度，ROM 技术可细分为多种类型，每一类都依据其独特的物理机制与制造工艺而各具特色。其中，ROM 元件，特别是 MROM（掩模 ROM），以其高度集成、生产成本低廉及高可靠性著称，但牺牲了灵活性，一旦制成便不可更改，适用于大规模量产且内容固定的应用场景。

PROM（可编程 ROM）与 EPROM（可擦除可编程 ROM）则代表了 ROM 技术向用户自定义方向的迈进。PROM 允许用户在出厂后根据需求一次性编程写入数据，并通过特定技术（如熔丝熔断）实现数据的永久固化，尽管灵活性有所提升，但仍属一次性编程范畴。而 EPROM 则进一步增强了灵活性，支持通过紫外线照射或电擦除方式（如 EEPROM）反复擦写内容，极大地拓宽了应用场景，尽管其操作机制要求整体内容的批量擦除与重写，限制了数据修改的粒度。

（2）高速缓冲存储器。在计算机技术的演进历程中，主存储器（Main Memory）的速度提升未能与中央处理器（CPU）逻辑电路性能的飞速增长保持同步，二者之间的性能鸿沟日益显著。遵循摩尔定律的预测，CPU 性能每翻一番，主存容量的确实现了同步增长，但在速度上却仅能实现微幅逐年递增，远不及 CPU 的提升速率。这一现象可追溯至 1955 年 IBM 704 系统时代，当时处理器周期与主存周期尚能保持一致，而时至 20 世纪 80 年代，主存访问周期已滞后于处理器周期近一个数量级，严重制约了 CPU 性能的全面释放。

为应对这一挑战，业界创新性地引入了高速缓冲存储器（Cache）作为 CPU 与主存之间的桥梁，通过增设一级或多级 Cache，有效缓解了主存速度瓶颈问题，显著提升了存储系统的整体性能与性价比。此解决方案不仅广泛应用于大型和中型计算机体系，亦迅速普及至小型及微型计算机架构，形成了普遍采用的"Cache-主存"层次化存储结构。

Cache 机制的成功，关键在于其深刻洞察并充分利用了程序访问的局部性原理，即 CPU 在连续时间段内倾向于集中访问主存中的一小部分数据。这一特性使得只需确保 CPU 当前活跃访问区域的速度与之匹配，而无须全面加速整个主存系统。因此，Cache 的设计目标聚焦于提升局部数据的访问速度，从而实现对 CPU 工作效率的实质性促进。

在具体实现层面，鉴于处理器芯片的物理限制与成本考量，Cache 系统往往被精心划分为两级架构：一级缓存（L1 Cache）与二级缓存（L2 Cache）。CPU 在执行指令时，先尝试从速度最快的一级缓存中检索所需数据，若未命中，则自动转向访问速度稍慢但容量更大的二级缓存。若二级缓存亦无法满足需求，最终将发起对主存的访问。这一层次化的数据访问策略，确保了 CPU 能够高效且灵活地应对多样化的数据处理需求，持续推动计算机系统性能向更高水平迈进。

3. 辅助存储器

辅助存储器是主存储器的后援存储设备,用以存放当前暂时不用的程序或数据,也称为外部存储器。对辅助存储器的基本要求是:容量大、成本低、可以长时间不供电保存信息。辅助存储器主要有磁记录、光记录两类,具体形式如磁盘、磁带、光盘、光磁盘等。虽然现在外存通常都安装在主机箱里,但在逻辑结构上它不属于主机,它属于外部设备的一种。

(1)磁盘存储器。磁盘存储器作为当代个人计算系统中不可或缺的辅助存储介质,其核心组成部分涵盖磁盘、磁盘驱动器及其适配单元,共同构成了高效的数据存储与检索体系。其中,硬磁盘因其卓越的存储性能与广泛的应用场景,已逐步取代了传统的软磁盘,成为主流存储解决方案。

硬磁盘以铝合金作为盘片的基底材料,确保了结构的坚固与数据的稳定。数据以磁性形式记录在盘片表面的圆形磁道上,这些磁道以同心圆的方式布局,每个盘片包含多个磁道,以优化空间利用。为便于数据管理,磁道被进一步细分为多个扇区,实现了对数据块的高效组织与访问。此外,硬磁盘通常采用多盘片设计,如2片、3片、6片或12片等配置,形成多层盘面结构,进一步提升了存储容量。

在硬磁盘中,一个关键的概念是圆柱面,它由所有盘面上位于相同半径位置的磁道共同构成,这一设计简化了地址映射机制,使得硬盘地址可以简洁地表示为驱动器号、柱面(磁道)号、盘面号及扇区号的组合。读写操作时,磁头能够保持在同一圆柱面上移动,显著减少了径向跨越距离,从而加速了数据访问速度。

从技术分类角度,硬磁盘可根据盘片结构区分为固定式与可更换式,而磁头的运动方式则分为固定式与移动式,这些设计选择适应了不同的应用需求与场景。尤为值得一提的是,现代硬磁盘普遍采用了温切斯特技术,该技术由IBM公司在20世纪70年代率先实现商业化,其核心在于盘体密封、盘片高速旋转、磁头悬浮等关键技术,确保了磁头与盘片间极小且不接触的悬浮间隙（通常仅为零点几微米），这不仅极大提升了存储密度，还显著增强了防尘性能与运行可靠性。

随着技术的不断演进，温切斯特硬盘（俗称"温盘"）在体积不断缩小的同时，存储容量却实现了质的飞跃，现已达到数百吉字节乃至更高，满足了大数据时代对于海量数据存储与高速访问的迫切需求。其盘片直径亦从早期的较大尺寸逐步向更紧凑的 3.5 英寸、2.5 英寸乃至 1.8 英寸等规格发展，进一步适应了便携式设备与高密度数据中心的应用趋势。

（2）光盘存储器。随着激光技术的发展，光盘成为辅助存储的重要成员。光盘存储技术的特点如下：

第一，采用非接触方式读/写，没有磨损，可靠性高。

第二，可长期（60～100 年）保存信息。

第三，成本低廉，易于大量复制。

第四，存储密度高，体积小，能自由更换盘片。

第五，误码率低，从光盘上读出信息时，出现误差错位的比率为 10^{-12}～10^{-17}。

光盘技术展现出了多样化的类型与应用场景，其中，CD-ROM 与 DVD-ROM 作为媒体节目录制发行及计算机数据存储的关键载体，显著替代了传统磁带，推动了信息存储与传播的革新。

CD-ROM，作为只读型微缩光盘技术的典范，自 1991 年标准化以来，便以其约 650 MB 的数据容量成为数据存储的重要选项。其核心价值在于，通过光盘驱动器这一媒介，实现了数据从光盘至计算机内存的转换，进而支持数据的读取与应用。CD 系列技术的进一步拓展，如 CD-R 与 CD-RW 的引入，分别满足了单次写入与多次擦写的需求，丰富了数据存储与管理的灵活性。

DVD-ROM 作为数字视盘技术的代表，凭借更精细的激光束技术，实现了数据存储容量的飞跃，单张光盘可达 4.7 GB，约为 CD-ROM 的七倍，确立了其在当前光盘市场的主导地位。DVD 系列同样提供了可记录（DVD-R）与可多次擦写（DVD-RW）的选项，满足了多样化的数据存储需求。值得注意的是，现代 DVD 驱动器普遍兼容 CD-ROM 格式，确保了跨代技术的无缝衔接与数据访问的便捷性。

DVD 技术的发展趋势是更高密度的存储，以蓝光 DVD 技术为代表的新一代光盘存储方案，通过采用更短波长的蓝紫色激光及优化的光学系统，实现了光点尺寸的显著缩小与轨道间距的减半，从而将单片存储容量提升至 27 GB，较传统红光 DVD 有近六倍的增长。这一技术突破不仅预示着数据存储容量的又一次飞跃，也为高清视频、大容量软件及数据备份等领域带来了前所未有的机遇。

尽管光盘技术在读取与写入速度上相较于硬盘存在明显劣势，但其在软件发行、数据长期保存及备份方面的独特价值不容忽视。随着技术的不断进步，光盘技术将持续优化，以更高效地服务于信息社会的多元化需求。

（3）闪存。闪存，作为一种长寿命的非易失性电子存储器，其独特之处在于数据存储的持久性，即便在断电环境下也能保持数据完整性。其数据擦除与重写的操作机制，并非聚焦于单一的字节层面，而是基于预设大小的区块进行，这些区块的大小范围广泛，介于 256 kB 至 20 MB 之间，这一特性显著影响了数据的管理效率。作为电子可擦除只读存储器（EEPROM）的演进产物，闪存显著优化了数据更新的流程，无须对整个芯片进行擦写，从而实现了相较于 EEPROM 更为迅捷的数据操作速度。

在存储技术领域中，闪存以其电子器件的本质，展现了相较于硬盘、光盘等传统机械存储介质在速度上的显著优势。此外，其抗震动能力强、物理尺寸紧凑以及低能耗等特点，进一步拓宽了应用场景。特别是以闪存为核心构建的固态硬盘，尽管当前受限于成本因素，其存储容量尚难以与硬盘相媲美，但其发展前景被广泛看好。尽管市场上闪存的单位容量价格远高于硬盘，但这并未阻碍其在小规模数据记录及便携式设备（如 U 盘、数码相机、智能手机等）中的广泛应用。

闪存产品形态多样，包括 SM 卡、CF 卡、MMC、SD 卡、记忆棒、XD

卡及微硬盘等，尽管它们在物理形态和规格上存在差异，但背后所依托的技术原理却是高度一致的。这种技术的一致性确保了不同闪存产品间的兼容性与互换性，为用户提供了灵活多样的选择。

尽管闪存具备诸多优势，但它并不意图取代 RAM（随机存取存储器）在数据处理中的核心地位。闪存的数据改写单位及速度特性，决定了其在即时性、高频次数据访问方面难以与 RAM 相抗衡。然而，从长远视角审视，随着技术的不断进步，闪存有望成为机械硬盘的有力替代者，特别是在对数据持久性、抗震性及功耗有较高要求的场景中展现出巨大潜力。

（4）固态硬盘。固态硬盘（SSD），作为现代数据存储技术的革新成果，其核心在于采用固态电子存储芯片阵列构建，这一设计赋予了其类似大容量高速内置存储设备的特性。区别于传统机械硬盘，SSD 彻底摒弃了旋转磁盘、读写头等机械组件，实现了全固态化的数据存储与访问机制，从而得名。此特性不仅赋予了 SSD 工作时的零噪声环境，还显著增强了其抗震性能，减轻了整体重量并缩小了体积，为现代计算设备的设计提供了更高的灵活性与便携性。

随着半导体技术的飞速发展，尤其是高速存储芯片的迭代更新，SSD 的读写速度已远超传统机械硬盘，成为追求高效数据处理能力的首选方案。尽管当前 SSD 的单位成本相较于机械硬盘仍偏高，但其成本效益比已逐渐优化至大众可接受范围，实现了从高端市场向主流市场的普及过渡。

在当前的计算机配置实践中，一种常见的策略是结合使用 SSD 与机械硬盘，即采用较小容量的 SSD（如 200 GB 左右）作为系统盘和常用软件的安装载体，利用其高速读写能力提升系统启动与软件运行效率；同时，辅以大容量的机械硬盘（如 2 TB 及以上）用于数据存储，这样既保证了系统的流畅运行，又有效控制了总体成本。

从存储介质层面看，SSD 领域正不断探索创新，其中，以闪存（FLASH芯片）为基础的 SSD 占据了市场主流，以其非易失性存储特性赢得了广泛应用。此外，采用 DRAM 作为存储介质的 SSD，虽在持久性上有所局限，但凭借极高的访问速度，在特定高性能需求场景下亦有其独特价值。而英特尔等领先企业推出的 XPoint 颗粒技术，更是为 SSD 市场带来了全新的存储解决方案，预示着未来 SSD 在性能与成本之间将实现更加均衡的发展。

第一，基于闪存的固态硬盘，以其 FLASH 芯片为核心存储介质，不仅实现了形态上的多样化，如笔记本硬盘、微硬盘、存储卡及 U 盘等，还赋予了数据移动性与环境适应性，特别适用于个人用户。其显著优点在于数据保护不依赖于持续电源供应，确保了数据的持久性与安全性。此外，闪存技术的长寿命特性，从 SLC 至最新 QLC 的广泛采用，确保了即便在高强度使用下也能维持数年之久的写入寿命，满足了大多数个人及消费级市场的需求。在可靠性方面，高品质闪存 SSD 显著降低了故障率，较传统机械硬盘有大幅提升，为用户提供了更为稳定的数据存储解决方案。

第二，基于 DRAM 的固态硬盘，则以其卓越的写入性能与理论上的无限写入能力脱颖而出，尽管其应用范围相对局限。这类 SSD 通过模拟传统硬盘的设计，兼容广泛的操作系统与文件系统工具，便于管理与配置，同时通过 PCI 和 FC 等工业标准接口实现与主机或服务器的无缝连接。尽管需要独立电源以保障数据安全，其高性能特性使其成为特定领域，如高性能计算或实时数据处理的优选方案。然而，由于其非主流的市场定位，其应用仍相对小众。

第三，基于 3DXPoint 技术的固态硬盘，作为存储技术的一大创新，其性能与特性介于 DRAM 与 NAND 闪存之间。3DXPoint SSD 以其极低的读取延时著称，这一特性极大地提升了数据处理效率，且拥有接近无限的存储寿命，为数据密集型应用提供了前所未有的性能支持。尽管其存储密度相较于 NAND 较低且成本高昂，但这一技术无疑为发烧级个人电脑用户及数据中心等高要求环境带来了革命性的存储解决方案，展现了未来存储技术发展的重要方向。

（5）外存接口。硬盘既可作为内部存储设备直接集成于主机内部，也支持通过外部连接形式扩展存储能力。其接口技术的多样化发展，显著提升了数据传输效率与灵活性，主要涵盖 SATA、PCIe、M.2、IDE 及 SCSI 等类型，这些接口不仅服务于硬盘，也在一定程度上与光驱等外部设备共享相似的接口规范。IDE 接口，作为早期硬盘接口技术的代表，采用了并行接口技术，尽管在当时推动了存储技术的发展，但受限于技术瓶颈，其数据传输速率最高仅达 133 MB/s，难以满足日益增长的数据处理需求，因此逐渐退出硬盘接口的主流市场，尽管在特定应用如部分光驱中仍可见其身影。SATA 接口技术的出现，标志着硬盘接口技术进入了一个新纪元。由 Intel 等公司引领的 SATA 接口标准，自 2000 年初提出以来，凭借其高效的数据传输能力和良好的兼容性，迅速成为硬盘接口的主流选择。SATA 1.0 标准即已实现了 150 MB/s 的理论外部传输速率，后续通过技术迭代，如 SATA 2 及 SATA 2.5 等标准的推出，更是将速率提升至 3 000 MB/s，极大地提升了系统存储性能，满足了现代计算环境下对高速数据访问的需求。此外，随着存储技术的不断进步，闪存设备以其非易失性、高速度及低功耗等特点，日益受到市场青睐，其主要采用 USB 接口形式，通过 USB 这一广泛应用的 I/O 总线标准，实现了便捷的数据交换与存储。同时，SCSI 作为另一种高性能的 I/O 总线技术，也在特定的高端存储应用场景中发挥着重要作用，进一步丰富了存储接口技术的选择范围。

（三）计算机 I/O 设备

I/O（输入/输出）设备，作为计算机系统的核心接口，不仅构成了计算机与外界环境（包括人与其他机器）交互的桥梁，还因其广泛的独立配置特性而被统称为计算机外围设备（外设），在计算机技术体系中占据着不可或缺的地位。这些外设是确保计算机能够接收外部指令与数据，并有效输出处理结果的关键，缺乏它们，计算机将失去与外界交互的基本能力，从而无法实现其设计初衷。在计算机系统架构中，除了核心的运算器、控制器及主存储器外，几乎所有其他组件均被视为外设，这一广泛的定义凸显了外设对于计算机整体功能实现的重要性。随着信息技术的飞速发展，尤其是多媒体技术的深入融合与广泛应用，外设的种类与功能呈现出爆炸式增长，极大地丰富了计算机的应用场景与用户体验。

从功能与应用维度出发，I/O 设备可大致划分为以下三大类别：

第一，机－机通信设备。机－机通信设备承担着计算机之间或计算机与其他系统间信息交换的重任，如调制解调器、网卡等，是实现网络互联、数据共享与远程控制的基石。

第二，计算机信息的存储设备。计算机信息的存储设备即外存储设备，如磁盘、光盘等，它们为数据的持久化存储与大规模数据处理提供了物理基础。

第三，人－机交互设备。人－机交互设备涵盖了从键盘、鼠标到图形扫描仪、摄像机等多种输入设备，以及显示器、打印机、语音合成器等输出设备，它们共同促进了人类与计算机之间高效、直观的信息交流，极大地提升了人机交互的便捷性与智能化水平。

（四）总线与接口

1. 总线

总线是由多条信号线构成的集合，不仅是数据流通的动脉，更是计算机各组件间协同工作的桥梁。通过采用分时复用策略，总线高效地将信息从源头组件分发给一个或多个目标组件，实现了资源的最优化分配与利用。面对计算机运行过程中对数据传输速率与灵活性的高要求，总线技术巧妙地解决了直接连接带来的复杂性激增与资源低效问题。它构建了一个统一的、高速的通信平台，使得计算机各部件能够无缝衔接，既简化了系统架构设计，又确保了数据传输的高效性与实时性。

（1）总线的分类。总线技术依据其应用范畴可划分为内部总线、系统总线及 I/O 总线三大类。

第一，内部总线。内部总线深植于 CPU 内部，是连接运算单元、控制单元与寄存器等关键部件的微缩网络，其设计旨在匹配并超越 CPU 高速运算的需求，确保内部数据处理的高效流畅。

第二，系统总线。系统总线作为 CPU 与计算机主体架构（包括存储器、输入输出控制器等）之间的纽带，承载着更为广泛的数据交换任务，其性能直接关系到整个系统的响应速度与稳定性。

第三，I/O 总线。I/O 总线专注于连接各种输入输出设备，如硬盘、显示器等，确保这些外围设备与主机之间能够顺畅通信，满足用户多样化的信息交互需求。

（2）系统总线。系统总线作为计算机主机内部的核心枢纽，其架构精巧地集成了三种功能各异的总线：数据总线（DB）、地址总线（AB）及控制总线（CB）。

数据总线 DB，作为信息流通的双向通道，不仅承载了 CPU 向存储器、输入输出（I/O）接口等部件传输的数据任务，还反向传递了来自这些部件的数据至 CPU，其宽度作为系统性能的重要指标，直接关联着处理器的字长，灵活传输包括数据、指令、状态信息及部分控制信息在内的广义数据，展现了高度的适应性与效率。

地址总线 AB，则专注于地址信息的单向传输，从 CPU 出发，精准指向存储器或 I/O 端口，确保了数据访问的精确性与有序性。AB 的位数直接界定了 CPU 可直接管理的内存空间范围，例如，32 位处理器的 AB 配置即意味着其最大可寻址能力达到 4 GB，遵循着 n 位地址总线对应 2^n 字节可寻址空间的普遍规律，为系统资源的有效分配提供了坚实基础。

控制总线 CB，则充当了系统内部指令与状态交流的桥梁，其上传下达的功能涵盖了微处理器向外部设备发出的读写请求、中断响应等控制信号，以及来自外部设备的中断申请、复位请求等反馈信号，实现了系统内部的精准协调与高效同步。CB 的双向传输特性及其位数设计，紧密依据系统实际的控制需求与 CPU 的架构特性，确保了系统操作的灵活性与响应速度。

常见的 I/O 总线包括显卡用的 AGP 总线，一般外设使用的 PCI 总线，多功能的 SCSI、USB 等。

第一，AGP 总线。加速图形端口（AGP）作为英特尔开创的局部图形总线技术，显著地推动了系统图形性能的提升，尤其是针对 3D 显示需求的满足。AGP 总线通过构建专用的显示通道，有效隔离了显示卡与其他外设间的数据传输，间接促进了诸如 PCI 声卡、SCSI 设备及网络设备等外设的效率优化。其演进过程中，从早期版本至 AGP4x 及 AGP8x，传输能力实现了质的飞跃，分别达到了 1 066 MB/s 与 2 133 MB/s，为图形密集型应用提供了坚实的硬件基础。

第二，PCI 总线。外设组件互连标准（PCI）自 1991 年推出以来，已成为计算机体系中的关键局部总线规范，由多家行业巨头共同推动。其初始设计即满足当时处理器需求，随后通过提升数据宽度与频率，不断适应性能增长。当前，32 位、33 MHz PCI 总线广泛应用，而 64 位版本则多见于服务器领域。PCI 总线作为 CPU 与系统总线间的桥梁，通过桥接电路实现高效数据管理，支持显卡、声卡等多种外设。其内置信号缓冲机制确保高时钟频率下的稳定性能。PCI 控制卡作为系统核心组件，嵌入主板插槽，实现与 CPU 的高效数据交换，支持并行处理任务。此外，PCI 总线引入多路复用技术，优化资源利用，增强带宽与响应速度。其灵活性与扩展性，为计算机架构的持续发展提供了坚实基础。

第三，PCI Express。面对显卡性能持续攀升的挑战，PCI Express（PCIe）作为第三代 I/O 总线技术应运而生，自 2002 年规范发布以来，经历了多次迭代升级。PCIe 通过引入点对点串行连接机制，彻底颠覆了传统 PCI 总线的共享并行架构，为每个设备分配独立带宽，极大提升了数据传输效率与带宽利用率。其双单工连接特性，不仅确保了数据传输的高速与稳定，还实现了类似全双工通信的效能提升。PCIe X16 接口，专为替代 AGP 设计，以高达 5 GB/s 的带宽（实际约 4 GB/s）远超 AGP8x，为高端图形处理提供了前所未有的性能支持。

随着技术的不断进步，PCIe 标准持续演进，从 PCIe 3.0 的 8 GT/s，到

PCIe 4.0 的 16 GT/s，再到 PCIe 5.0 的 32 GT/s（理论峰值达双向 128 GB/s），每一次升级都标志着数据传输速率的巨大飞跃。而最新公布的 PCIe 6.0 标准，更是在前代基础上实现了传输速率的倍增，预示着未来计算机系统在图形处理、大数据传输及高性能计算等领域将迎来更加广阔的发展前景。

2. 接口

接口就是连接两个设备之间的端口，由两侧特性所定义的共享边界。接口可以在物理级、软件级或作为纯逻辑运算来描述。实际上前面讨论的总线也可以作为接口的一类，只是现在人们通常将接口用作对外连接的地方，而对于系统内部的连接采用其他名称。由于设备是多种多样的，所以接口形式也各异；即使是同一类设备，由于技术的发展，也会出现多种接口规格。与接口相对应的控制软件，被称为驱动程序。下面是两种最为常见的接口形式：

（1）硬盘接口。硬盘作为现代计算机体系中的核心存储组件，尽管在逻辑架构上不属于主机范畴，却普遍内置于主机箱内，成为不可或缺的一部分。硬盘接口，作为硬盘与主机系统间的桥梁，其核心功能在于高效地在硬盘缓存与主机内存间传输数据，其性能直接关联到程序执行效率与系统整体响应能力。从全局视角审视，硬盘接口技术历经演进，主要可划分为 IDE/ATA、SATA、SCSI 及光纤通道四大类别。

IDE 接口，作为硬盘技术发展的早期里程碑，其设计理念在于将硬盘控制器与盘体一体化，有效缩减了接口电缆的复杂性与长度，从而增强了数据传输的稳健性。IDE 硬盘以其低成本、广泛的兼容性及简便的安装流程，在桌面计算领域占据了一席之地，尽管随着 SATA 接口的兴起，其市场地位逐渐边缘化。值得注意的是，IDE 本质上是对硬盘制造技术的描述，而早期 IDE 硬盘所采用的 ATA 接口，在后续发展中为区分 SATA，常被提及为 PATA。ATA 接口标准，依托并行传输技术，经历了从 40 芯到 80 芯扁平电缆的升级，传输速率显著提升，但技术瓶颈最终限制了其进一步发展，为新型接口标准的崛起铺平了道路。

SATA 接口作为 ATA 的继任者，以其更高的数据传输效率、更强的扩展性及更低的功耗，迅速成为个人计算机市场的主流选择。SATA 接口不仅克服了 ATA 在并行传输上的技术局限，还通过串行传输方式实现了性能与成本的双重优化，推动了计算机存储技术的又一次飞跃。

SATA，作为当前桌面系统配置中的主流硬盘接口技术，自其诞生以来便标志着存储接口技术的一次重要革新，成功接过了 IDE/ATA 的接力棒。SATA 通过引入串行连接方式，不仅简化了数据传输的复杂性，还显著提升了数据传输的可靠性与效率。其内置的纠错机制，能够实时检查并自动修正传输过程中的指令错误，这一特性极大地增强了数据传输的稳健性。此外，SATA 接口的结构设计紧凑，仅需四根针脚即可实现全面功能，包括电缆连接、地线接入、数据收发等，这一优化不仅降低了系统能耗，还简化了系统架构，促进了热插拔功能的实现，进一步提升了用户操作的便捷性与系统维护的灵活性。随着技术迭代，从 SATA 1.0 的 150 MB/s 到 SATA 2.0 的 300 MB/s，直至 SATA 3.0 实现的 600 MB/s 数据传输率，SATA 不断突破速度极限，满足了日益增长的数据处理需求。

小型计算机系统接口（SCSI）则以其广泛的应用领域、多任务处理能力、高带宽、低 CPU 占用率及热插拔等特性，在高端服务器与工作站领域占据重要地位。尽管 SCSI 并非专为硬盘设计，但其卓越的性能与灵活性使其成为中、高端存储解决方案的首选。然而，高昂的成本限制了 SCSI 在更广泛市场中的普及，使其更多应用于对性能有极高要求的特定场景。

光纤通道技术，同样起源于网络系统设计，后因其卓越的高速带宽、远程连接能力、支持大量设备连接及热插拔等特性，被逐步引入硬盘系统领域，以满足多硬盘存储系统对速度与灵活性的极致追求。光纤通道专为多硬盘系统环境设计，如服务器、高端工作站及海量存储子网络等，其高效的数据通信能力确保了这些系统在高负载下仍能维持稳定的数据传输效率,满足了现代数据中心与高性能计算环境对数据吞吐量的严苛要求。

（2）数据传输接口。从某种意义上说,计算机上的所有接口都是用来传输数据的。前面的硬盘接口是指专门用于硬盘的接口,而这里讨论的几种接口之所以被称为数据传输接口,是因为它们并不特定用于连接某种设备,在实际应用中可以连接多种设备。

第一,串口。串口,作为串行通信端口的正式称谓,广泛存在于早期计算机体系之中,其核心标识为 COM 口。此接口常采用 9 针或 25 针的 D 型连接器,遵循 RS-232 标准,支持最高达 115 200 bit/s 的数据传输速率,是连接外设如鼠标及外置调制解调器进行数据传输的关键途径。串口通信的本质在于逐位传输数据,其优势在于结构简单,仅需少量线路即可实现远距离（几米至几千米）的数据交换,且根据通信模式可细分为单工、半双工及全双工三种形态,灵活适应不同应用场景。

第二,并口。并口作为并行接口的代称,其特性在于通过多条线路同时传输数据,显著提升了数据传输的并行度与效率。典型的并口如 IDE、SCSI 等,在数据传输通道宽度上可高达 128 位甚至更宽,支持双向同时收发,极大地加快了数据吞吐速度。然而,由于技术发展与市场需求的变化,并口在实际应用中逐渐边缘化,主要局限于打印机及绘图仪等特定设备,因而常被冠以打印接口（LPT 接口）之名。尽管如此,并口仍遵循 IEEE1284-1994 标准,实现了从 10 kB/s 至 2 MB/s 的数据速率飞跃,展现出在连接磁盘驱动器、磁带机、光盘机乃至网络设备等外部设备时的高效双向通信能力,为特定场景下的数据传输提供了强有力的支持。

第三,USB。通用串行总线（USB）,作为 PC 领域一项标志性的接口技术,虽命名中蕴含"总线"二字,实则非传统意义上的总线标准,而是展现了接口技术领域的重大进步。自 1994 年末由业界多家巨头联合构想以来,USB 历经发展,尤其是近年来,其普及程度已臻化境,成为连接各类外设不可或缺的桥梁。当前,USB 2.0 标准在主板上占据主导地位,其设计巧妙确保了不同版本间的无缝兼容，进一步促进了技术应用的广泛性。USB 以其独特的 4 针插头为标准接口，采用高效的菊花链连接模式，不仅实现了对多达 127 个外设的同时连接，还保持了带宽的完整性，展现了卓越的连接能力。

USB 的运作依赖于主机硬件、操作系统及外设三者的紧密协作，这一设计极大地提升了系统的灵活性与易用性。现代主板普遍集成了支持 USB 功能的控制芯片组，并配备有背板及前置 USB 接口，以满足用户多样化的连接需求。此外，USB 接口还具备强大的扩展性，通过集线器可轻松增加接口数量，同时通过 USB 连机线实现双机互连，为数据传输与设备共享提供了便捷途径。

USB 技术的优势不言而喻，其高速传输能力（USB 1.1 的 12 Mbit/s 至 USB 2.0 的 480 Mbit/s）显著提升了数据传输效率；支持热插拔的特性则赋予了用户更为便捷的操作体验；而独立供电功能则进一步简化了外设的使用流程。因此，USB 接口成功替代了 COM、LPT、SCSI 等传统接口，成为连接鼠标、键盘、打印机、摄像头、移动存储设备等广泛外设的首选方案。

在 USB 接口的发展历程中，Type-C 作为最新的接口外形标准，以其小巧的体积、不区分正反的插拔设计，以及对 USB 3.1 标准的支持，赢得了市场的广泛认可。无论是 PC 端还是移动设备，Type-C 接口的普及正逐步改变着我们的连接方式，为数字生活带来更多便利。相比之下，Type-A 与 Type-B 接口虽仍在使用，但前者因广泛应用于鼠标、U 盘等日常配件而深入人心，后者则因其特定应用场景（如打印机、扫描仪）而持续发挥作用。然而，随着技术的不断进步，Type-C 接口有望成为未来接口标准化的重要趋势。

第四，IEEE 1394 接口。IEEE 1394 接口即火线接口，作为苹果公司引领的串行标准，同样展现了强大的外设连接能力。它不仅支持热插拔与电源供给，还具备高速同步数据传输的特性，是连接数码摄像机等高端外设的理想选择。尽管在部分应用场景下，USB 已逐步占据主导地位，但 IEEE 1394

（特别是 Firewire-800）仍以其独特的优势，在特定领域发挥着不可替代的作用。这一接口技术的存在，不仅丰富了外设连接的多样性，也体现了技术创新与市场竞争的活力。

第二节　计算机操作系统的管理与协调

操作系统作为计算机系统的核心软件组件，负责管理硬件资源、优化程序执行、构建高效人机交互界面及提供全面服务。其多样性体现在不同应用场景下的设计目标上：大型机操作系统侧重于资源优化利用，确保高性能计算需求；而个人计算机操作系统则更加注重用户体验，平衡商业生产力与个人娱乐的多样化需求，部分系统追求极致的易用性，部分则强调执行效率，更多则致力于两者的和谐统一。

一、计算机操作系统的运行

计算机启动过程中，引导程序从只读存储器（ROM）加载，自动执行以初始化系统硬件，并将操作系统从非易失性存储（如硬盘）安全加载至主存中的指定区域。这一过程标志着操作系统接管计算机控制权的开始，随后引导程序促使 CPU 跳转到操作系统入口点，操作系统随即接管所有计算活动，启动其服务并管理资源。

（一）处理器管理与进程调度

处理器的高效利用是提升系统整体性能的关键。为最大化处理器利用率，操作系统采用了多道程序设计技术，允许在同一时间间隔内，多个程序或任务并行执行。在多任务环境中，操作系统负责处理器的动态调度、分配与回收，确保系统资源的公平分配与高效利用。对于多处理器系统，处理器管理策略更为复杂，需考虑处理器间的协同工作。

为了更细致地描述与管理这种并行性，操作系统引入了进程与线程的概念。进程作为资源分配与独立执行的基本单位，而线程则是处理器调度的基本单位，进一步细化了并发执行的粒度，降低了并发成本。处理器的调度策略包括高级调度（作业调度）、中级调度（内存调度）及低级调度（进程调度），这些层次分明的调度机制共同构成了操作系统对处理器资源的全面管理框架，确保了计算机系统能够高效、有序地执行各类任务。

1. 处理器管理

处理器管理作为操作系统的基石，其核心功能在于高效、有序地管理、调度及分配计算资源中的核心——处理器，从而确保程序执行的有序性与高效性。这一过程直接关联并深刻影响着系统的整体性能表现。处理器调度机制被精细划分为高级、中级与低级三个层次，每一层次均承载着特定的管理职责。在这一体系中，低级调度构成了操作系统不可或缺的基础功能，它负责即时决策，确保就绪状态的进程或线程能够适时获得处理器资源以执行。相比之下，高级调度则在进程创建之初便发挥作用，其决策结果决定了新进程是否得以诞生并具备参与处理器资源竞争的资格，这对于系统资源的有效利用与作业流程的优化至关重要。至于中级调度，则多见于分时系统或配置了虚拟存储器的环境，通过灵活调整主存中驻留的进程数量，以应对系统负载的动态变化，进一步提升内存使用效率与作业处理能力。

2. 进程调度

进程作为操作系统核心概念之一，其定义兼具理论抽象与实现具体性。从理论视角审视，进程是对程序执行活动的逻辑描述，反映了程序运行过程中的动态特性；而在实际实现层面，进程则是一种精心设计的数据结构，旨在精准捕捉并管理系统内部运行的复杂规律，确保资源分配与保护的精准执行。作为国内学术界的共识，进程被视作能够独立执行、并发处理且具有明确数据界限的程序执行实例，同时也是系统资源分配与保护的基本单位。

操作系统对进程的管理任务繁重且关键,它不仅需要精准控制进程的执行流程,还需合理分配资源、促进进程间信息的有效共享与交换,同时保障每个进程在执行期间的独立性与安全性。为实现这些目标,操作系统构建了详尽的进程管理框架,其中,为每个进程维护一个详尽的数据结构成为核心策略之一。这一数据结构详细记录了进程的状态信息、资源分配状况等关键属性,为操作系统实施精细化的进程控制提供了坚实基础。在此基础上,操作系统能够灵活调度进程,在单一处理器上实现进程间的有序交替执行,或利用多处理器环境实现进程的并行处理,从而显著提升系统的整体性能与响应能力。

(二)操作系统的存储管理

存储管理是操作系统的核心基石,它精心调配计算机系统中最宝贵资源——主存储器(内存),确保所有程序与数据得以高效驻留并执行。存储管理机制的优劣,直接关系到系统整体的运行效能与响应速度。主存储器被精妙划分为系统区与用户区,前者承载着操作系统内核及必要服务的重任,后者则灵活适配于当前运行的多样应用程序与数据需求。其管理焦点不仅限于用户区域的优化布局与动态分配,还涵盖了对辅助存储设备的智能协调,以促进数据流动与资源利用的最大化。

1. 存储器的层次

在计算机系统的架构设计中,存储器的层次结构构成了性能优化的基石,它通过精妙地平衡容量、速度与成本,实现了高效能的存储管理。这一结构自顶向下可分为寄存器、高速缓存(Cache)、主存储器(RAM)、磁盘缓存、固定磁盘以及可移动存储介质等多个层次。每一层次的提升,都伴随着 CPU 访问的直接性增强、速度加快,但同时也伴随着硬件成本的上升和配置容量的相对缩减。寄存器和高速缓存作为最接近 CPU 的存储层次,直接服务于快速执行指令的需求,而主存储器和磁盘缓存则分别扮演着数据存储与临时扩展的关键角色，隶属于存储管理的范畴。相比之下，固定磁盘与可移动存储介质则侧重于持久化数据存储，归属于设备管理的责任下。磁盘缓存作为一种逻辑上的存在，它巧妙地利用固定磁盘的空间，有效扩展了主存储器的容量，优化了数据传输效率。

2. 虚拟存储管理

虚拟存储管理技术革新了传统的存储管理观念。该技术不再局限于作业必须全部装入主存才能执行的限制，而是允许作业信息在执行过程中按需调入主存，未被即时使用的部分则暂时驻留在辅助存储器中，实现了物理空间与逻辑空间的灵活映射。这一机制极大地提高了主存的利用率，使得用户可以编写超过物理主存限制的逻辑地址空间程序，极大地扩展了应用程序的规模和复杂度。

以 Windows 操作系统为例，其内置的虚拟内存管理机制自动化地实现了这一过程，用户可根据实际情况调整虚拟内存的大小与位置，以达到最优的系统性能。微软推荐的虚拟内存配置通常是物理内存的 1.5 至 2 倍，这一建议旨在平衡内存充足性与系统响应速度。然而，过高的虚拟内存配置可能会适得其反，导致系统频繁地进行页面置换操作，影响整体性能。因此，合理配置虚拟内存，确保其既能满足程序运行需求，又不至于成为系统性能瓶颈，是每位系统管理员与用户应当重视的问题。

二、计算机设备管理与驱动

（一）计算机的设备管理

设备管理作为操作系统内复杂度最高的模块之一，其核心使命在于精确调控计算机外围设备与 CPU 间的 I/O 交互，旨在通过提升设备与 CPU、设备之间的并行处理能力，来强化系统整体效率。同时，设备管理模块还扮演着简化硬件操作复杂性的角色，为用户提供一个直观、易用的接口，以透明化方式管理各类设备的 I/O 操作，极大地增强了用户体验与系统操作的灵活性。

1. I/O 系统

I/O 系统作为计算机架构的关键组成部分，涵盖了 I/O 设备、接口电路、控制逻辑、通道架构及管理软件等多个层面，其核心在于促进计算机主存与多样化外围存储设备间的高效信息传输，即输入输出操作。随着计算机技术日新月异，I/O 设备的多样性与复杂性显著增加，它们与主机的交互方式各异，这对 I/O 系统的设计与优化提出了更高要求。输入输出操作的效率与质量直接关系到计算机系统的通用灵活性、扩展潜力及整体性能价格比，是提升计算机系统综合处理能力的重要因素。

I/O 设备的软件控制，即操作系统的设备管理模块。鉴于外设种类繁多且特性各异，操作系统通过定义一套标准化的控制接口，与外设制造商或第三方开发的设备驱动程序相配合，实现对外设硬件资源的抽象管理与灵活控制。这一机制确保了操作系统能够兼容并控制广泛的外围设备，从而促进了计算机系统的整体性能提升与应用的广泛普及。

2. 缓冲技术

在现代操作系统设计中，针对 CPU 与外围设备间显著的速度差异以及逻辑与物理记录尺寸的不匹配问题，缓冲技术作为一种核心策略被广泛采纳，旨在优化数据传输效率与系统整体性能。该技术通过在主存中构建特定区域作为缓冲区，有效桥接了高速 CPU 与低速 I/O 设备之间的性能鸿沟。其核心理念在于，利用内存的高速存取特性，作为数据暂存的桥梁，既缓解了 CPU 的等待时间，也提高了 I/O 操作的效率。

具体而言，缓冲机制在写操作时，允许进程先将数据快速写入缓冲区而非直接至外设，随后进程可继续执行其他任务，而系统则负责异步地将缓冲区数据转移至 I/O 设备。反之，在读操作中，系统先将外设数据读取至缓冲区，再根据进程需求，灵活地从缓冲区中提取数据，减少了进程因等待外设响应而空闲的时间。这一机制显著增强了 CPU 与 I/O 设备间的并行处理能力，使系统资源得到更高效的利用。

缓冲区的配置需根据设备特性与用户需求精心规划。适量且合理的缓冲区设置能够最大化系统并行性，而过多或过大的缓冲区虽能进一步提升性能潜力，却也伴随着管理复杂度的显著增加，可能导致系统资源的不必要消耗。因此，在缓冲区的设计与分配上需寻求平衡点。

此外，缓冲技术的深化应用还催生了虚拟设备概念，它允许用户以统一的接口操作逻辑上的设备表示，而实际的物理设备操作则由操作系统在后台透明处理。这一创新不仅提升了用户体验，让用户感觉以独占方式访问外设资源，还极大地增强了系统的灵活性和整体效率，是操作系统 I/O 管理领域的一项重要进展。虚拟设备技术的引入，不仅优化了资源分配，还促进了系统架构的模块化与可扩展性，为现代计算环境的构建奠定了坚实基础。

（二）计算机驱动

设备驱动程序，作为计算机与外部设备间通信的桥梁，其核心职能在于构建并维护一个高效、稳定的硬件至操作系统的接口机制。这一特殊程序不仅负责翻译硬件的电子信号为操作系统可识别的指令，还承担着协调双方交互、确保资源有效分配的职责。在复杂多变的计算机硬件生态中，驱动程序的存在至关重要，它使得操作系统能够"理解"并控制多样化的硬件设备，即便这些设备来自不同的制造商，具备各异的功能特性。

鉴于计算机外设市场的广泛性与多样性，操作系统难以直接掌握所有硬件的细节。因此，驱动程序成为了连接二者不可或缺的媒介，它向操作系统详细阐述硬件的功能特性与操作要求，实现了从底层电子信号到高层软件逻辑的无缝转换。这一转换过程不仅确保了硬件功能的正常发挥，也为用户提供了直观、便捷的操作体验。

随着科技的进步，现代操作系统在设计上愈发注重用户体验，通过内置的标准自适应驱动,实现了对常见硬件设备如存储设备、显示设备、输入设备及网络通信设备等的自动或半自动配置。尽管如此,为了充分挖掘硬件潜能,用户仍推荐安装由设备制造商提供的专用驱动程序,这些驱动往往针对特定硬件进行了优化,能够带来更佳的性能与稳定性。

驱动程序的开发是一项高度专业化的任务,它要求开发者深入理解硬件细节,同时熟悉操作系统的内核机制。不当的驱动设计可能引发系统崩溃、资源冲突等严重问题,因此,驱动程序的编写与测试多由设备制造商的专业团队负责。对于用户而言,应避免安装来源不明的驱动程序,以防造成系统或硬件的损坏。

在驱动程序的安装过程中,遵循一定的顺序原则同样重要。一般而言,建议先安装与系统核心紧密相关的驱动程序,如主板芯片组驱动,随后再安装外围设备的驱动,如显卡、声卡等。这一顺序有助于减少冲突,提高安装成功率。对于常见的设备安装流程,遵循既定顺序(如主板芯片组、显卡、声卡等)进行操作,能够确保系统的稳定运行与软件安装的顺利进行。

第三节　计算机软件工程的开发管理

软件工程作为一门跨学科的研究领域,旨在通过整合管理与技术双重维度,优化计算机软件的开发与维护实践。它倡导采用系统化的工程化方法,摒弃了软件开发作为个体技艺的传统观念,转而视其为一项高度组织化、管理精细化及团队协作紧密的工程项目。这一过程不仅吸纳了传统工程项目管理的精髓,还特别强调了软件领域特有的成功技术与经验积累,促进了软件生产效率与质量的双重提升。

IEEE于1993年对软件工程的定义深刻揭示了其本质,即将一系列系统、规范且可量化的方法体系,全面应用于软件的整个生命周期——从开发到运行维护，实现了工程化思维在软件领域的深度渗透与创新。这一定义不仅强调了技术层面的革新，也突出了软件工程在跨学科融合中的独特价值，它融合了计算机科学、社会学、管理学及心理学等多领域知识与方法，共同指导着软件生产实践，确保了软件产品的高效性、可靠性和用户满意度。

一、计算机软件需求管理

计算机软件需求管理作为软件开发周期的基石，其重要性不言而喻。随着软件应用的广泛普及与用户群体的多元化，准确捕捉并有效管理这些复杂多样的需求成为软件成功的先决条件。需求涵盖了功能、性能及适用性等多个维度，要求开发者不仅要深入理解用户期望的功能实现，还需关注软件执行效率、资源消耗、环境兼容性、用户友好性等多个方面。这一综合性需求体系促使需求管理成为一项系统性工程，贯穿于软件生命周期的始终。

需求管理的精髓在于前期的详尽分析与充分沟通，通过科学的方法论，如需求规格说明书、原型设计等手段，确保开发团队与用户之间对软件需求的共识。这一过程不仅要求技术上的精准把握，更需注重人文沟通的艺术，以确保需求的全面、准确与可追溯性。最终，通过高效的需求管理，促进软件项目向既定目标稳步迈进，满足并超越用户期望，实现软件价值的最大化。

（一）软件需求分析

在软件工程中，需求分析是软件开发过程中重要的一步，是开发前期最关键的环节。需求分析是明确项目目标的过程，是软件开发的基础。

1. 软件需求分析的任务

在现代软件开发领域，软件需求分析不仅是项目成功的基石，也是连接用户期望与开发者实现能力的桥梁。随着软件开发日益专业化，需求分析的任务愈发凸显其重要性，其核心在于精确界定系统应达成的目标，即清晰阐述"系统旨在解决何种问题或满足何种需求"。这一过程深刻体现了"目的导向"与"实现路径"之间的微妙平衡，强调了在明确"要做什么"的基础上，再探讨"如何做"的合理性。

2. 软件需求分析的过程

需求分析过程包括需求的获取、分析、编写文档、管理等一系列活动。

（1）需求的获取。需求分析过程是一系列系统而细致的活动集合，始于需求的全面获取。这一环节广泛涵盖了从直接用户访谈中捕捉第一手需求，到参考市场上同类产品以汲取灵感，再到审视既有系统反馈以规避已知缺陷，并通过市场调查和问卷收集广泛用户意见，最后深入用户工作场景，以同理心洞察其真实需求。这一系列活动旨在构建一个全面、深入且贴近实际的需求集合，为后续的软件开发奠定坚实基础。

需求获取过程中的有效沟通成为连接用户与开发者的纽带，它要求双方建立高度的信任与合作，通过持续迭代与反馈机制，确保需求的理解准确无误，从而规避潜在的误解与歧义。这种基于合作的需求获取策略，不仅促进了需求规格说明的精准制定，也为软件项目的顺利推进提供了有力保障。因此，重视并优化需求分析过程，对于提升软件项目的成功率与质量，具有不可估量的价值。

（2）综合分析。面对需求来源的多元化与表达形式的不规范性，有效的问题分析与方案综合显得尤为重要。这一过程不仅要求分析人员具备深厚的专业素养，还需采用科学方法，如结构化分析与面向对象分析等，以系统思维审视用户需求的合理性与潜在矛盾。通过细致梳理系统元素间的逻辑关系，逐步细化软件功能、接口特性及设计约束，旨在构建出既满足功能需求又兼顾性能与环境适应性的系统逻辑框架。在此基础上，通过反复迭代与验证，剔除不合理需求，增补必要功能，确保系统需求的全面性、准确性与一致性。

需求分析阶段，原型法的应用尤为关键，它作为一种直观有效的沟通工具，能够迅速将抽象需求转化为可视化的初步系统模型，促进开发团队与用户之间的深度交流与反馈。借助系统结构层次图、数据流图、IPO 图及数据字典等辅助工具，需求分析得以系统化、结构化地展现，为后续设计、开发与测试提供清晰指引。

在自顶向下、逐层分解的方法论指导下，需求分析将复杂系统逐步拆解为若干易于管理与实现的子模块，明确各模块间的接口与交互机制，确保整体功能的有机集成。这一过程不仅增强了需求管理的可操作性，也提升了系统的可维护性与可扩展性。

（3）编写需求文档。需求文档的编制，是需求分析阶段成果的具体化呈现，它不仅是软件工程的重要组成部分，也是连接客户与开发团队的桥梁。一份高质量的需求文档，应详尽阐述系统规格、数据要求、用户系统描述及修正后的开发计划，确保所有利益相关者对项目目标、范围、约束条件及预期成果有共同的理解与期望。其中，系统规格说明为系统构建提供了全面的技术指南，数据要求则为数据管理与存储策略的制定奠定了基础，用户系统描述则提前模拟了用户操作场景，有助于提前发现并解决潜在的用户体验问题。而修正的开发计划，则基于更加精确的需求认知，对项目的资源配置、成本估算与进度安排进行了合理调整，为项目的顺利实施提供了有力保障。

（二）软件需求管理

需求的管理活动贯穿需求分析的全过程。从组织需求的获取，进行需求分析，到编制相应文档，都需要进行严格的管理。除此之外，需求的管理还有两个重要的环节：需求评审和需求变更。

1. 需求评审

当软件需求文档编纂完毕后，严谨的验证过程不可或缺，其中技术评审作为一种正式的验证机制，扮演着至关重要的角色。通过技术评审，合格的需求能够精准地指导软件开发的后续步骤，而针对评审过程中识别出的问题，则需迅速修正并重新评审修改后的版本，以确保需求的不断优化与完善。

评审作为验证需求分析工作成效的关键手段，其核心聚焦于功能的正确性、完整性、清晰性等多个维度，以及对其他非功能性需求的全面评估。具体而言，评审涵盖以下方面：

（1）完整性，强调需求文档的全面覆盖，确保用户要求的每一项功能或性能均被详尽、清晰、准确地描述；同时，检查文档资料的完整性，图表的清晰性，以及在不额外说明的情况下，能否被正确理解。此外，还需验证所有与系统其他组成部分的重要接口是否均被明确阐述。

（2）有效性，验证需求是否切实有效，即系统定义的目标与用户实际需求的一致性，以及系统能否有效解决用户面临的问题。此环节还需审查是否已制定详尽的检验标准，以确认系统定义的成功实现。

（3）一致性，确保所有需求间不存在逻辑矛盾，无论是单个需求内部还是不同需求之间，都应保持高度一致。同时，细致检查文档中是否存在遗漏、重复或不一致之处，以维护需求的整体连贯性。

（4）现实性，评估需求在当前技术条件下的可实现性，包括硬件和软件技术的支撑能力。分析设计约束和限制条件的合理性，并识别潜在的技术风险，为开发团队提供决策依据。

（5）共识达成，经过评审的需求，需得到用户和开发者双方的共同认可与接受，方能作为后续开发工作的明确指导。对于创新性产品，面对未知或潜在的用户群体，开发者需展现出卓越的预见性和创造力，以洞见未来需求，推动产品成为引领行业趋势的先锋。

2. 需求变更

在软件开发实践中，需求的可变性被视为项目固有的特性，其发生变更并不直接反映原需求分析的不充分性，而是业务动态、市场趋势、竞品演进以及技术革新等多重因素交织作用的自然结果。倡导变更的初衷往往是为了优化软件产品，使之更加贴近市场需求与用户期望。然而，这一过程必须置于严谨的管理框架之下，因为不受控的需求变更能够显著加剧项目风险，包括但不限于成本超支、品质滑坡及项目延期，最终损害项目双方（即客户与开发团队）的利益。

因此，实施需求变更控制与管理成为软件开发过程中的关键环节。面对需求难以完全预见且持续演变的现实，项目团队应秉持积极而审慎的态度，旨在最小化变更带来的负面影响。具体策略包括：建立明确的变更管理流程，确保每项变更都经过充分评估与审批；实施严格的版本控制机制，对需求变更进行及时归档，无论是创建新文档还是修订既有文件，均遵循统一的规范标准；同时，确保变更文档详尽记录历史沿革，便于开发团队与客户追踪变更轨迹，明确当前状态与过往变更的关联，为项目的顺利推进与后续维护提供坚实的文档支持。

二、计算机软件开发过程

计算机软件开发过程作为软件工程研究的核心内容之一，通过构建精细化的开发过程模型，系统地规划了从需求分析到产品交付的每一步骤。这一过程模型强调了活动的有序组织、任务的灵活配置以及多层级开发人员的紧密协作，他们运用多样化的开发工具，在顺序、迭代、并发等多种执行模式下高效作业，共同推动了软件开发这一复杂而富有创造性的工程活动的顺利进行。

（一）软件生命周期

和世界万物类似，一个成熟的软件需要经历孕育、诞生、成长、成熟、衰亡等阶段，一般称之为软件生存周期[①]。软件生命周期的概念是对软件开

---

① 李海霞，王磊，李智，等. 软件生命周期质量评价方法研究 [J]. 计算机测量与控制，2022，30（8）：264.

发与维护这一动态复杂过程的系统化划分。不同于传统物质产品，软件生命周期的界定与阶段特性独具一格，它基于时间的维度，将软件从构思诞生至最终淘汰的全过程拆解为若干逻辑上相互关联而又相对独立的阶段。这一过程旨在通过明确各阶段的具体任务与目标，逐步推进并达成软件的整体开发与维护目标。

软件生命周期模型作为软件过程模型的核心框架，通过不同方式的阶段划分，构建了多样化的软件研发策略。这些模型普遍涵盖了从软件定义的初始萌芽，经由开发阶段的精雕细琢，直至后期维护的持续关怀等关键环节。具体而言，软件定义阶段聚焦于市场需求的深入挖掘、项目可行性的全面评估以及具体需求的精准界定，为后续工作奠定坚实基础；软件开发阶段则细分为设计（含总体与详细设计）、编码实现及严格测试等子阶段，每一环节均致力于软件功能的实现与质量的提升；而软件维护阶段，则强调了软件在交付使用后的持续优化与适应性调整，以确保其长期稳定运行并满足用户不断变化的需求。

在划分软件生命周期的组成要素时，遵循的基本原则是确保各阶段间的适度独立性与任务性质的同质性。这种划分策略旨在简化各阶段的复杂度，便于实施有效的项目管理与质量控制，从而提升软件开发的效率与成果质量。

（二）软件过程模型

为了反映软件生命周期内各种工作应如何组织及周期各个阶段应如何衔接，需要用软件过程模型给出直观的图示表达。软件过程模型是软件工程思想的具体化，是实施于过程模型中的软件开发方法和工具，是在软件开发实践中总结出来的软件开发方法和步骤。总的说来，软件过程模型的实质是开发策略，软件过程模型是跨越整个软件生命周期的系统开发、运作、维护所实施的全部工作和任务的结构框架。

1. 瀑布模型

瀑布模型作为软件工程领域的基石之一，其核心价值在于通过明确划分的阶段流程，实现了软件开发的系统化和顺序化。该模型强调将复杂的软件构建任务拆解为一系列线性、相互依赖且逐步深化的活动，每个阶段均以前一阶段的输出为输入，并产生可验证的成果，为后续工作奠定坚实基础。这种自上而下、有序衔接的方法论，为项目管理和质量控制提供了清晰框架，确保了软件开发过程的透明度和可追溯性。

随着软件行业的快速发展和项目复杂度的提升，瀑布模型的局限性日益凸显。其刚性的线性结构难以适应需求频繁变更的现实环境，导致项目灵活性受限，可能因需求不明确或错误理解而引发重大返工，显著增加成本与时间消耗。此外，瀑布模型对并行工作的支持不足，未能充分利用现代软件开发中团队协作与并行处理的潜力，影响了整体开发效率。

2. 原型模型

原型模型以其灵活性和用户参与度高的特点，成为应对挑战的有效手段。该模型从初步需求入手，通过快速构建可交互的原型，使用户能够直观体验并反馈需求，从而加速需求的澄清与验证过程。原型模型强调迭代开发，允许在开发早期就发现并纠正问题，大大降低了项目风险。同时，它促进了开发人员与用户之间的紧密合作，增强了双方对软件功能的共同理解，提高了软件产品的满意度。

原型模型还显著提升了开发过程的效率与效益。通过快速原型制作与评估，项目团队能够更早地识别并优化资源分配，有效控制成本。此外，原型作为培训工具，促进了用户对新系统的学习与适应，加速了软件部署与应用的进程。

然而，原型模型亦非完美无缺。其潜在的风险——即用户可能误将原型视为最终产品，要求开发者保持清晰沟通，明确原型与最终系统的界限。同时,多版本原型的管理复杂度增加,对项目管理和资源调度提出了更高要求,需要开发团队具备更强的组织协调能力。

3. 螺旋模型

螺旋模型作为软件开发方法论的一种创新融合,巧妙结合了瀑布模型的严格控制与原型模型的快速迭代特性,并融入了关键的风险管理机制。其核心在于通过螺旋式上升的迭代周期,在计划制定、风险分析、工程实施及客户评估这四个相互关联的任务区域内循环推进。每一轮循环都标志着软件产品的一次增值与完善,逐步逼近最终目标。此模型尤其适用于复杂多变的大型软件项目,其风险导向的设计原则促使开发团队在早期即开始识别并应对潜在风险,从而有效管理不确定性,增强项目的可控性。螺旋模型不仅促进了软件复用,还通过持续的用户反馈循环,将质量保障作为核心驱动力融入开发全过程。

成功应用螺旋模型要求项目团队具备深厚的风险评估能力与专业知识,以及灵活应对多轮迭代带来的成本与时间挑战。因此,在选用此模型时,需审慎评估项目特性与团队能力,以确保资源投入与风险回报之间的最佳平衡。

4. 软件过程模型的运用

在软件开发领域,软件过程模型的恰当运用是确保项目成功实施的核心要素之一。面对多样化的项目需求与应用场景,选择或设计适宜的过程模型显得尤为关键。这些模型不仅反映了不同的开发哲学和策略,还直接关联到项目的可控性、效率及最终产品的质量。除传统的基本模型外,探索并应用更多元化的模型成为趋势,旨在根据项目具体需求灵活调整,甚至创新性地融合多种模型优势,形成所谓的混合模型策略。此策略强调动态适应性与定制化,确保项目各阶段与不同模块能采用最适宜的模型,从而优化资源配置,提升项目整体效能。

三、计算机软件质量管理

随着信息化技术的高速发展，在生活中，人们对软件产生了越来越多的依赖，这对软件项目的质量提出了更高的要求[①]。软件工程关注的焦点是软件的质量。软件产品质量是软件工程开发工作的关键问题，也是软件规模化生产中的核心问题。提高软件质量是软件工程的基本目标。

（一）软件质量与评价

质量是反映产品或服务满足明确或隐含需求的能力特性总和。软件作为一类特殊的产品，其质量也有区别于其他产品的内涵。

1. 软件质量的内涵

软件质量，作为衡量计算机软件卓越程度的综合指标，其核心在于一系列特性与属性的和谐统一，这些特性共同定义了软件在满足既定及潜在需求方面的能力。依据 IEEE 的权威定义，软件质量被视作一个集合体，它囊括了所有与软件产品能否有效满足明确及隐含需求相关的特征与属性。这一视角强调了软件质量评估的多维度与深层次特性。

软件需求构成了评估软件质量不可或缺的基石。任何未能贴合用户或系统需求的软件，在本质上均被视为缺乏质量保障。因此，确保软件设计与实现严格遵循需求规格说明书，是提升软件质量的首要前提。

标准化开发准则在软件质量保证中扮演着至关重要的角色。这些准则，作为软件工程实践的指南，旨在通过规范化的开发流程、方法和工具，促进软件产品的可预测性、可维护性和可靠性。忽视或违背这些准则，将直接威胁到软件质量的整体稳定性与可持续性。

软件质量还隐含着对未明确表述需求的考量。这些隐含需求，如软件的可维护性、可扩展性等，虽未直接体现在需求文档中，却是衡量软件长期价

① 沈鑫. 软件项目质量管理的研究探讨［J］. 中国新通信，2023，25（5）：22.

值与用户满意度的重要标尺。因此，在软件开发过程中，主动识别并满足这些隐含需求，对于提升软件质量同样至关重要。

综上所述，软件质量是一个动态且多维度的概念，它随着应用场景的多样化及用户需求的不断演变而持续变化。用户满意度作为衡量软件质量的终极标准，要求软件开发团队在遵循需求导向与标准化开发的同时，还需具备前瞻性思维，积极应对并满足那些潜在的、未明确表述的需求，从而全面提升软件产品的综合质量水平。

2. 软件质量的评价

软件质量作为一项多维度且难以直接定量评估的属性，其度量标准广泛涵盖了多个关键指标，这些指标从管理视角出发，为全面评价软件性能提供了框架。具体而言，软件质量的评估体系可细化为以下核心维度：

（1）运行质量特征方面，涵盖了正确性、健壮性、效率、安全性和可用性。

第一，正确性强调软件在既定环境下准确执行预定功能的能力，确保输入与输出之间的逻辑一致性。

第二，健壮性关注软件在面临异常或错误输入时的容错与恢复能力，体现了系统的稳定性和可靠性。

第三，效率指标衡量软件完成任务时资源消耗的优化程度，旨在提升系统运行的经济性和响应速度。

第四，安全性聚焦于保护系统免受非法访问和数据篡改，确保信息的机密性、完整性和可用性。

第五，可用性反映了软件用户界面的友好性和操作便捷性，是提升用户体验的关键因素。

（2）软件修改维护方面的质量特征，包括可维护性、适应性和可测试性。

第一，可维护性评估了软件在发现缺陷后进行修复或改进的难易程度，直接关系到软件生命周期的维护成本。

第二，适应性衡量了软件面对变化需求时进行调整的灵活性和效率，是软件持续进化的重要保障。

第三，可测试性则强调了软件设计应便于自动化测试与验证，以减少测试周期和成本，提高软件质量。

（3）软件在跨平台、升级等方面的质量特征，主要涉及可移植性和可再用性。

第一，可移植性评估了软件在不同硬件或软件环境间迁移的难易程度，是实现软件复用和降低部署成本的关键。

第二，可再用性关注软件组件或模块在其他项目或应用中被重新利用的可能性，促进了软件资产的积累和知识共享，加速了软件开发过程。

（二）软件评审与测试

在软件项目的构建与演进历程中，确保软件总体质量的均衡提升是至关重要的，这超越了单一正确性范畴，涵盖了可维护性、健壮性、可用性及效率等多维度考量。软件工程化实践强调，质量管理的触角应延伸至项目生命周期的每一环，从需求分析至后期维护，全程渗透，以避免最终验收时方显弊端、补救乏力的困境。为此，建立明确的软件质量标准体系，通过量化评估手段，实现评测互融，测试主导的科学管理模式，是推动软件质量飞跃的关键路径。

转向过程导向的质量管理策略，即从资源优化配置、产品特性完善向开发流程与技术的深耕细作转变，是提升软件质量的必由之路。这一过程不仅限于测试、验证与评估的末端环节，而是深度融入设计构思之中，确保从源头把控质量，实现质量的内生性增长。

具体而言，软件评审与测试作为技术保障的核心手段，贯穿于开发周期的每一阶段。

1. 软件评审

软件评审作为一种预防性质量控制机制,旨在及早识别并纠正各阶段潜在的人为错误,避免错误累积与扩散。其重要性在于,问题发现时机的早晚直接关联到修正成本的高低,因此,严格的阶段评审不可或缺,确保错误被遏制在萌芽状态。

设计阶段的评审尤为关键,它直接关乎软件架构的合理性、模块间耦合的清晰度及接口设计的友好性,是软件质量基石的奠定过程。评审内容广泛,覆盖正确性验证、健壮性评估、安全性考量、可维护性与可移植性审查等多个维度,力求全方位保障软件质量。

实施软件评审时,需依托详尽的技术文档作为评审依据,并可结合适当的测试手段以增强评审的有效性。评审团队的专业素养与敏锐洞察力至关重要,他们需具备从文档中敏锐捕捉问题、提出建设性改进建议的能力。同时,评审过程亦应形成闭环,评审结果须及时反馈至开发团队,指导其迅速调整优化,确保错误得到彻底修正,且在修正过程中采取预防措施,避免新问题的引入。

2. 软件测试

软件质量需要有一整套的软件测试手段来进行技术保障。软件测试技术的发展正在改变着传统软件开发的模式,基于单元测试的测试驱动开发正在成为软件工程的一种新模式。

软件测试是对软件计划、软件设计、软件编码进行查错和纠错的活动(包括代码执行活动与人工活动)。测试的目的是找出软件设计开发整个周期中各个阶段的错误,以便分析错误的性质与位置并加以纠正。纠正过程可能涉及改正或重新设计相关的文档活动。找错的活动称为测试,纠错的活动称为调试。

(1)软件测试方法。

第一,黑盒测试法。黑盒测试法作为一种功能导向的测试策略,其核心在于仅依据软件的输入/输出（I/O）行为来设计测试用例，而无须深入了解程序内部的实现细节。这种方法将软件视为一个封闭的黑盒，通过模拟用户操作，验证软件功能是否符合既定的需求规格说明书。黑盒测试侧重于检查软件是否能正确接收输入、处理并生成预期的输出，同时确保外部信息的完整性与一致性。它对于发现软件的功能性缺陷、界面问题及用户交互错误尤为有效，是保障软件质量不可或缺的一环。

第二，白盒测试法。与黑盒测试相对，白盒测试法则是一种深入程序内部的测试方法，它基于程序的逻辑结构、路径覆盖等内部特性来设计测试用例。在白盒测试中，程序被视为一个透明的白盒，测试人员需具备对程序内部逻辑、数据结构及算法流程的深入理解。通过执行程序中的每一条路径，验证其是否按预期执行，白盒测试能够发现程序中的逻辑错误、路径错误及未覆盖的代码段。该方法强调对程序内部细节的严格审查，是提升软件可靠性和稳定性的重要手段。

（2）设计测试方案。设计测试方案是软件测试过程中的关键环节，它直接决定了测试的有效性和效率。测试方案应明确测试目标、测试范围、测试数据以及预期结果，其中测试数据的设计尤为关键。高效的测试数据能够以最少的资源发现最多的错误，因此，在设计测试方案时，需采用多种策略和技术，如等价类划分、边界值分析、因果图等，以构建出能够全面覆盖软件功能且具有代表性的测试用例集。同时，认识到没有一种测试数据设计技术能够适用于所有情况，因此，联合使用多种技术，以形成互补优势，是提高测试效果的重要途径。

（3）软件测试过程。软件测试过程是一个系统而有序的活动，它遵循一系列逻辑上相互关联的步骤，以确保软件质量。对于大型软件系统而言，测试过程通常包括单元测试、集成测试、确认测试和系统测试等阶段。

第一，单元测试。作为测试过程的第一步，单元测试聚焦于软件中的最小可测试单元——模块或函数。通过白盒测试法，特别是路径覆盖策略，单元测试旨在验证每个模块的功能正确性及其内部逻辑的一致性。此阶段发现的错误往往较为直接且易于定位，是提升软件质量的基础。

第二，集成测试。在单元测试完成后，各模块需被集成起来进行整体测试。由于模块间的接口可能存在问题，且单元测试无法完全覆盖所有集成后的行为，因此集成测试是必不可少的。通过模拟实际运行环境，验证模块间的交互是否符合预期，发现并解决集成过程中引入的新问题。

第三，确认测试。当软件集成完成后，需进行确认测试以验证软件是否满足用户需求和规格说明。此阶段通常由用户或客户参与，通过实际使用场景下的测试，评估软件的性能、可靠性、易用性等方面是否达标。确认测试是软件交付前的最后一道关卡，对于确保软件质量至关重要。

第四，系统测试。作为测试过程的最终阶段，系统测试旨在将软件置于实际运行环境中，进行全面的性能测试、安全测试、兼容性测试等。通过模拟各种可能的运行环境和使用场景，评估软件的整体性能和稳定性，确保软件能够在各种条件下正常运行。

四、计算机软件项目管理

软件工程在引入工程化技术的同时，也引入管理学方法配合工程技术共同解决软件危机中遇到的问题。项目管理是指把各种资源组合在一起，在规定的时间、预算和质量目标范围内完成项目的各项工作。管理工作强调协调各方面的因素，达到整体的最优。

软件项目管理的主要内容包括项目的组织计划、资源管理、质量管理，其中资源管理包括对项目开发所需的技术、人员、资金等方面的管理。软件项目管理的手段主要是一系列制度、规范文档和专业管理工具。

（一）软件项目管理的内容

1. 组织计划

在软件项目管理领域，组织计划作为基石，其核心在于精心构建软件开发计划，该计划详尽阐述了项目目标、需求、资源分配、人员配置及时间进度等关键要素。此计划不仅以书面形式固化管理决策，更为项目领导者提供了资源调度、成本预算及进度监控的基准框架。计划制订过程中，深入估算所需人力资源、项目周期及财务成本，确保项目启动前即有清晰蓝图。其内容广泛覆盖开发目标的明确界定、资源（含软硬件环境、技术支撑等）的充分筹备，以及详尽的进度规划与成本预测。此外，遵循软件工程领域的各类标准与规范，无论是国家、国际还是行业特定标准，均为计划制定提供了坚实的依据，必要时，企业内部或项目小组层面的定制化标准亦能发挥重要作用。

2. 资源管理

资源管理不仅聚焦于人力资源的优化配置，还涵盖了软硬件设施、开发工具等全方位资源的统筹安排。在大型项目中，多样化的工具软件（如需求分析、设计、调试、测试管理、项目管理及配置管理工具）的协同应用尤为关键，而统一的技术平台则促进了团队成员间的无缝沟通与合作。人力资源管理方面，明确角色分工，构建以项目经理为核心的高效团队，确保每位成员职责清晰，同时鼓励跨职能交流，促进知识共享与问题解决。

3. 文档管理

文档管理作为软件工程实践中的重要环节，其核心价值在于确保项目工作的可追溯性与透明度。项目文档体系涵盖了从需求分析到设计、开发、测试直至最终用户文档的全面记录，是项目知识传承与质量控制的关键载体。文档管理须设立专职人员或团队，确保文档编制与项目进程同步进行，及时响应需求变更，实施严格的版本控制策略。这一机制不仅保障了开发团队内部技术文档的一致性，有效预防因信息不一致引发的开发错误，还通过新版本的发布与旧版本的妥善管理，维护了项目文档的完整性与时效性，为项目的持续迭代与优化奠定了坚实基础。

（二）软件项目管理的过程

在当代软件开发实践中，鉴于其高度复杂性与跨学科特性，团队合作已成为不可或缺的基石，单一个体的能力已难以驾驭大型软件系统的构建挑战。因此，高效管理开发团队，确保分工明确、协作顺畅，对于项目的成功实施具有决定性作用。这一过程不仅涉及技术层面的深耕，更融合了系统工程学、统计学、心理学、社会学、经济学及法律等多元知识体系，其复杂性远超单纯的技术难题。然而，通过实施一套完善且科学的项目管理体系，能够显著提升开发效率，构建技术竞争优势，为项目成功奠定坚实基础。项目管理流程的系统化实施，是确保软件开发项目顺利推进的关键路径，其核心环节可概括如下：

第一，明确系统边界，即精确界定项目范围，为项目工作划定清晰界线，确保所有参与者对项目目标有共同且明确的理解。

第二，任务分解，通过细致的任务划分，将宏大目标拆解为可管理、可追踪的小任务与里程碑，为项目执行提供清晰的路线图。

第三，工作量预估阶段，依据任务分解结果，结合团队能力、外部因素等变量，科学估算每项任务所需时间，包括考虑最乐观与最悲观情境下的时间范围，以增强计划的灵活性与适应性。

第四，进度安排，需综合考虑任务间的依赖关系，采用先进的项目管理工具与技术，如甘特图、关键路径法等，确保任务执行的有序性与高效性，避免潜在冲突与延误。

第五，资源优化配置，通过精心策划，合理调配人力资源、技术资源、物资及资金等，确保项目资源得到最大化利用，支持项目顺利推进。

第六，在团队指导方面，强调策略导向与技术指导并重，通过有效沟通与监督，确保项目方向正确，团队士气高昂，技术难题得到及时解决。

第七，项目监控则贯穿始终，通过定期审查与即时反馈机制，及时发现并纠正范围、时间、预算等方面的偏差，确保项目按计划进行。

第八，项目总结作为闭环管理的重要环节，不仅是对项目成果的回顾，更是宝贵经验的积累与传承，为后续项目提供可借鉴的宝贵参考，促进组织持续改进与创新能力提升。

第三章 计算机网络结构及协议

在信息化高速发展的今天，计算机网络已成为连接世界的桥梁，其结构与协议的研究对于促进信息高效流通、保障数据安全至关重要。本章将深入探讨计算机网络的结构及协议，首先从计算机网络的基本概念、多样类型及核心组成出发。随后，解析数据通信原理，揭示信息在网络中传输的奥秘。进而，通过对比分析 OSI 与 TCP/IP 两大网络体系模型，深入理解网络层次结构与协议设计思想。最后，聚焦于以太网技术，特别是其交换机制与网络优化策略，展现现代网络技术的前沿应用与发展趋势。

第一节 计算机网络的概念、类型及组成

一、计算机网络的概念及功能

（一）计算机网络的概念

计算机网络是由自主计算机通过传输介质相互连接而形成的系统，其核心概念基于自治和互联两大要素。自主性体现为每台计算机在网络中保有独立处理数据的能力，即使参与网络资源共享和数据通信，仍具备独立决策的权限。互联性则强调通过物理或无线传输介质，实现各计算机间的信息交换，

使得资源的高效共享与信息的快速传输得以实现。

　　计算机网络的形成依赖于多层次的软件结构，其中包括网络系统软件、应用软件及协议软件等，所有这些构成要素共同作用，保障了网络的正常运行。网络系统软件在管理网络资源、协调各类通信设备、优化数据传输路径等方面起到关键作用；应用软件为用户提供了多样化的网络功能；协议软件则确保了各类设备间通信的标准化和一致性。

　　随着网络技术的飞速发展，网络的应用场景和终端设备种类不断拓展。计算机网络不仅限于连接计算机，越来越多的设备通过网络介质接入，构成一个多元化、全方位的信息传输网络。这一趋势预示着未来的网络系统将具备更高的灵活性和包容性，能够支持各种新兴技术的融合，进一步推动社会各领域的信息化进程。在这个发展过程中，计算机网络的自主性和互联性特征将继续发挥核心作用，保障网络系统的稳定性和可扩展性。

（二）计算机网络的功能

　　计算机网络的核心功能是通过融合计算机技术与通信技术，实现资源的高效共享和数据的快速传输。随着网络应用范围的扩展，其功能不断增强，涵盖了资源共享、数据通信、分布式处理及实时控制与综合处理等方面，成为现代信息社会不可或缺的技术基础。

　　第一，资源共享。通过网络，硬件、软件以及数据资源能够被不同用户根据其访问权限共享使用。资源的共享不仅包括硬盘、打印机等硬件资源，还涵盖各种软件和数据资源，如文本、图像、声音与视频等。在此环境中，用户不受物理地理位置的限制，能够在权限范围内自由访问和利用网络上的资源。这种共享机制有效提升了资源的利用率，使得分散的网络资源可以为更多用户服务，从而提高了整体网络系统的运行效率。

　　第二，数据通信。通过网络的通信能力，计算机之间可以快速传输各种信息。数据通信不仅限于文本，还包括多媒体信息，如图像、声音与视频。通过数据通信，地理上分散的计算设备能够实现互联互通，进而统一调配与管理。此外，网络数据通信能力使得远程办公、文件传送、电子邮件及实时会议成为可能。数据通信的功能赋予了计算机网络强大的信息传递能力，促进了全球范围内的联接与信息流动。

第三，分布式处理。在分布式处理模式下，网络中的计算任务可以分散到多台计算机进行协同处理。分布式处理能够有效提升处理速度，合理利用网络中的计算资源，降低运行成本并提高系统效率。分布式处理技术的应用不仅使得复杂任务的处理不再依赖单一的大型计算设备，还确保了数据处理的安全性和一致性，为复杂计算问题的解决提供了更加灵活的方案。

第四，实时控制与综合处理功能。通过网络，可以实现数据的实时采集、传输与处理，特别是在需要高实时性或恶劣环境下的应用中具有重要意义。此外，网络可以集中或分级管理分散的数据信息，通过综合分析与处理，生成具有参考价值的结果。这种功能增强了网络在工业控制、数据分析等领域的应用潜力，使得复杂环境下的决策更加高效和精准。

二、计算机网络的分类方法

计算机网络有许多种分类方法，其中最常用的有以下分类依据。

（一）按传输技术分类

按网络传输技术分类，计算机网络可以划分为广播网络和点到点网络。

第一，广播网络。广播网络的特征在于其通信信道为共享介质，即网络中的所有设备均通过相同的传输通道进行通信。在这种网络架构下，所有连接到网络的计算设备均能够接收到网络中的通信信号。广播网络的通信效率依赖于共享介质的合理分配与管理，以确保数据在网络中有效传输，并防止数据碰撞或拥塞的发生。广播网络架构在提供高效信息传输的同时，也要求更加复杂的协议和机制来协调数据流量，以保证网络的稳定性与安全性。

第二，点到点网络。点到点网络采用分组交换的技术，强调数据通过多个独立的连接通道传输。在点到点网络中，发送者与接收者之间不存在固定的通信路径，数据通过网络设备按照不同的路由传输，每个数据分组可能经过不同的路径到达目的地。这种网络结构的灵活性依赖于路由算法的有效性，路由算法在选择最佳路径、优化传输效率和避免网络拥堵方面发挥关键作用。点到点网络的设计理念不仅增强了网络的扩展性，也提高了数据传输的可靠性与适应性，能够在复杂的网络环境中应对多样化的数据传输需求。

（二）按覆盖范围分类

计算机网络的分类可以依据其覆盖范围进行细分，通常分为局域网、城域网和广域网。这些网络类型不仅在物理范围上有所区别，其功能和应用场景也展现了不同的特点，形成了多层次的网络结构，满足了从小范围内部到全球范围通信的需求。

第一，局域网。局域网主要功能是连接有限区域内的设备，如计算机、打印机等，实现资源共享与信息交换。局域网的特点在于其高效的传输速率和较低的传输延迟，结合其物理范围的局限性，使其在设计和管理上较为简单。由于局域网通常由单一组织或机构拥有与管理，因此在网络配置和控制上具有高度的灵活性与自主性。同时，局域网的拓扑结构可以根据实际需求进行优化，使得数据传输更加高效与稳定。因此，局域网为实现小范围内信息通信提供了理想的解决方案，成为众多组织内部网络建设的首选。

第二，城域网。城域网的覆盖范围介于局域网与广域网之间，其主要应用于中等规模的区域，如城市或区域范围的网络连接。城域网不仅承载了更广范围的通信需求，还通过采用先进的 IP 技术与 ATM 技术，确保了网络的高效性与可靠性。城域网的架构通常分为核心层与汇聚层，这种分层结构使其在处理多媒体业务需求时具备较强的灵活性与扩展性。通过核心层的高速信息转发与汇聚层的信息分发，城域网在较大范围内实现了网络资源的优化利用。其接入部分的设计不仅负责信息传输，还通过用户接入层提供本地业务服务，为城域网在公共信息服务平台中的应用提供了坚实的技术支持。

第三，广域网。广域网的覆盖范围最为广泛，通常跨越多个地区、国家甚至洲际，其主要功能是连接不同地区的局域网或城域网，形成全球性网络。广域网的核心特点在于其覆盖范围极其广阔，能够为跨区域和国际性通信需求提供有效的解决方案。由于广域网连接的物理距离较大，通常采用高速链路以确保数据的传输速率和通信容量。同时，广域网常借助公共电信线路或专线来实现远程通信。这使得广域网在长距离数据传输中具备高度的稳定性与可扩展性，成为全球范围内信息互联互通的重要基础。

通过网络覆盖范围的不同分类，可以清晰地看到各类网络在物理范围、功能及应用场景上的差异。每种类型的网络在其适用的场景中都发挥了不可替代的作用，形成了现代信息社会中多层次的网络体系，推动了全球范围内的信息交流与通信发展。

（三）按拓扑结构分类

按网络的拓扑结构分类，网络的形态主要包括总线型、星型、环型、树型以及混合型等形式。网络拓扑是指网络中各节点之间的连接方式，它决定了数据在网络中的传输路径、通信效率以及网络的扩展性和可靠性。

第一，总线型网络。总线型网络通过单一的通信介质连接所有节点，各节点共享相同的传输通道。该结构简化了物理连接的复杂性，适用于小型网络环境。在总线型拓扑中，数据通过总线介质进行广播传输，这要求网络对数据流量的管理具有较高的要求，以确保通信的准确性与稳定性。

第二，星型拓扑。星型拓扑以中心节点为核心，各个终端节点通过独立的链路与中心节点相连。该结构的优势在于其简易的故障检测与隔离能力，一旦某个终端节点或链路出现故障，其他节点的通信不受影响。星型网络在确保通信稳定性与维护简便性方面表现出色，但对中心节点的依赖较为突出，网络的整体性能取决于中心节点的处理能力和可靠性。

第三，环型拓扑。环型拓扑则通过环状结构将所有节点连接在一起，数据沿着固定方向依次传输至各节点。该结构的优势在于环状路径的连贯性和数据传输的确定性，但同时也对网络中任何单点故障敏感。为了提高环型网络的鲁棒性，通常会采用双环结构或增加冗余线路，以保证网络的正常运行。

第四，树型拓扑。树型拓扑是由多层级的节点构成，类似于分层结构，每一层级的节点通过分支与更高层级的节点相连。树型结构适用于大型网络环境，其层次化的设计有助于网络的扩展和管理，尤其适合于数据分布和层次化管理的需求。然而，树型结构对高层节点的依赖性较高，尤其是靠近根节点的部分，一旦出现问题，可能会影响较大范围内的通信。

第五，混合型拓扑。混合型拓扑结合了多种网络结构的优势，通过灵活的方式将不同拓扑结构融合在一起，适应复杂的网络需求。混合型网络能够根据具体应用场景的需求进行定制化设计，既能保持网络的高效性，又具备较强的容错能力和可扩展性。

网络拓扑结构的选择在很大程度上决定了网络的性能、维护难度以及扩展能力。不同的拓扑结构适应不同的应用场景和技术要求，为网络设计与管理提供了多样化的方案。

（四）其他分类方法

计算机网络的分类不仅基于其覆盖范围，还可以依据多种技术和应用特征进行划分，展现了其复杂的体系结构和多样的功能需求。

按网络控制方式、信息交换方式、网络环境、通信速率、网络配置、传输介质带宽及网络协议等分类标准，进一步揭示了网络在设计与功能上的差异。

按网络控制方式，计算机网络可以分为分布式网络和集中式网络。分布式网络的特点是多个节点在一定程度上自主运行，通过协同方式完成数据处理与传输任务；而集中式网络则依赖于单一或少数中心节点的控制。两种网络在管理方式、资源调度和安全性方面具有不同的优势，适用于不同的网络应用场景。

按信息交换方式，计算机网络可分为分组交换网、报文交换网、电路交换网和综合业务数字网。分组交换网以小数据包为传输单位，在网络中采用动态路由技术进行传输；报文交换网则传输完整的数据报文。电路交换网通过建立固定的通信路径来确保传输的连续性。综合业务数字网则整合了多种信息交换方式，适用于多媒体业务和高带宽需求的应用场景。不同的信息交换方式在传输效率、延迟和资源利用上具有各自的特点，满足了从简单数据传输到复杂业务应用的多种需求。

按网络环境，计算机网络可以划分为企业网、园区网和校园网等。这些网络根据不同组织或场所的特定需求进行设计和配置，以满足特定用户群体的通信和信息交换需求。每种网络环境在管理、设备配置和安全性要求上存在差异，其建设目标均围绕优化资源利用和提高网络效率展开。

根据通信速率，计算机网络可以分为低速网、中速网和高速网。这些分类反映了网络在不同技术条件下的数据传输能力。低速网适用于依赖较低带宽的应用场景，中速网则是较为传统的数字式公用数据网，而高速网则能够支持高带宽和高数据量的传输需求，成为现代高速信息网络的核心基础。随着网络技术的不断发展，数据传输速率的提升显著增强了网络的承载能力与服务质量。

按网络配置方式，客户机/服务器模式的网络进一步分为同类网、单服务器网和混合网。在这种配置中，网络中的计算机分为服务器和工作站，服务器负责为工作站提供服务。根据配置的不同，网络结构的复杂性和资源的利用方式有所不同，这种分类有助于优化网络性能并提高其资源分配的灵活性。

按照传输介质带宽，网络可以分为基带网络和宽带网络。基带网络通过原始数字信号进行数据传输，其抗干扰能力较弱，适用于短距离传输；宽带网络则通过调制多种频率信号，实现了更大的通信容量与更广的传输距离。宽带网络的传输效率和抗干扰能力更强，适用于需要高带宽的多媒体和远程通信场景。

按网络协议的不同，计算机网络可分为以太网、令牌环网、光纤分布式数据接口网络、分组交换网络、TCP/IP 网络等。这些协议决定了网络在访问传输介质和通信规则上的实现方式，确保了网络设备间的互联互通与数据传输。每种网络协议根据其技术特点，在网络性能、稳定性和安全性方面提供了不同的保障。

通过这些分类方法，计算机网络的多维度特性得以展现。不同的分类方式不仅揭示了网络在技术实现上的多样性，也为其在不同应用场景下的灵活部署提供了理论依据。这些分类标准有助于优化网络设计，提升网络的性能与适应性，使其能够满足现代社会中日益复杂的通信需求。

三、计算机网络的基本组成

计算机网络技术涵盖了软硬件技术、网络系统结构技术以及通信技术等多方面内容。按照物理组成，计算机网络由多台计算机和通信设备通过多种通信线路相互连接，形成一个完整的系统。网络中的计算机可以分为服务器和客户机，不同设备通过电缆、电话线等介质进行数据传输，从而实现通信和协作。网络的架构不仅体现了物理层面的硬件连接，还包括数据处理和通信层面的功能划分。

根据数据通信和数据处理功能，计算机网络可划分为通信子网和资源子网。通信子网由通信设备和通信线路组成，其主要任务是执行数据的传输、交换、加工与变换等通信处理工作，是确保整个网络正常运行的核心部分。通信子网的高效运行直接决定了网络的数据传输能力及稳定性。另一方面，资源子网则由用户主机、通信子网的接口设备及相关软件构成，其功能侧重于数据处理与资源共享。通过资源子网，网络用户能够在不同终端间进行信息交换，访问和共享资源，实现协同工作。

通信子网与资源子网的协同工作是计算机网络高效运行的基础。通信子网负责底层数据的传输与处理，而资源子网则通过高效的接口与用户交互，完成对资源的利用与分配。两者的有机结合不仅提升了网络的整体性能，也确保了网络中各节点之间的高效协作与资源共享。

（一）计算机网络的系统组成

计算机网络的系统组成可以从资源子网与通信子网两大逻辑功能模块进行探讨。这两个模块相互协作，确保了网络数据处理与数据通信的高效进行，并为用户提供资源共享和信息交换的基础服务。通过对网络系统组成的深入分析，可以更全面理解网络的功能架构及其运行机制。

1. 资源子网

资源子网主要由计算设备、终端、控制器、外设以及相关软件与信息资源构成。它是负责处理数据、提供资源共享功能的核心子系统。资源子网中的主机作为其主要组成单元，承担着为用户提供访问网络资源的能力。主机与终端之间的连接，使得本地和远程用户能够共享资源，提升了网络的整体效率和信息处理能力。随着硬件技术的进步和微型机的广泛应用，资源子网的计算能力和接入设备的多样性也不断扩展，满足了不同规模和复杂度的网络需求。终端控制器作为资源子网中不可或缺的组件，负责将多个终端设备连接至主机，实现与通信子网的交互。终端设备不仅承担着用户输入和输出的功能，还在信息处理与交互过程中起着关键作用。无论是简单的显示器终端还是复杂的微型计算机系统，终端的作用在网络体系中都是至关重要的。

2. 通信子网

通信子网则是确保数据在网络中传输与交换的子系统，主要由通信控制处理机、通信线路和信号变换设备等构成。

（1）通信控制处理机。通信控制处理机作为通信子网的核心组件，既连接资源子网的主机与终端，又作为网络节点，承担着分组存储与转发的功能。通过对分组数据的接收、存储与校验，通信子网确保了数据的可靠传输和准确转发。

（2）通信线路。通信线路则为不同节点间的通信提供了传输介质，涵盖了从传统的双绞线到现代的光纤和卫星通信信道等多种方式，适应了不同网络环境下的数据传输需求。

（3）信号变换设备。信号变换设备在通信子网中起到了对不同传输媒介要求进行适配的作用。例如，调制解调器用于将数字信号转化为适合电话线传输的模拟信号，而其他设备如无线通信接收器与光纤编码解码器等，则根据不同的通信需求进行相应的信号处理。通信子网通过这些设备的协同作用，实现了高效、稳定的数据传输。

此外，计算机网络系统中的软件组成同样不可忽视。支持资源共享与数据处理的系统软件为整个网络的功能提供了技术支撑。与此同时，网络通信需要遵循严格的网络协议，这些协议规范了数据传输的格式、速度、标志和验证方式，确保了网络中不同节点之间的数据能够准确传递。每一个网络协议都对应特定的功能模块，不同的协议组共同构建了网络的通信框架，使得不同类型的网络能够顺畅运行。

通过资源子网与通信子网的紧密配合，计算机网络实现了信息处理与传输功能的有机结合，为现代信息社会的高效通信奠定了坚实的基础。

（二）计算机网络的组成部分

计算机网络的组成部分包括多项关键要素，每一部分在网络的运行和管理中都发挥着独特作用。

第一，服务器。服务器是其中的核心设备，具有高性能处理能力，负责管理网络资源、运行服务程序、并处理来自客户机的各种请求。根据不同的功能，服务器可以承担文件管理、数据库管理、通信以及应用程序运行等任务。它通过与外部设备的连接扩展了网络的功能，实现了更加广泛的资源共享和协作。

第二，客户机，也称为工作站，主要是通过网络与服务器建立联系并获取相应服务的终端设备。虽然其性能通常低于服务器，但在网络体系中，客户机的存在使得用户可以通过简单的操作访问网络中的资源，完成数据的获取和处理。客户机与服务器之间的交互是计算机网络中用户体验的主要体现。

第三，网络适配器。网络适配器是将用户设备与网络连接的硬件组件，它在局域网中起到了至关重要的作用。通过网络适配器，计算设备能够与网络中的其他设备进行通信，实现数据的传输和交换。

第四，网络传输介质。网络传输介质则是网络设备之间的连接桥梁，常见的传输介质包括有线和无线多种形式，这些介质确保了网络设备之间的数据能够高效、稳定地传递。

第五，网络操作系统。网络操作系统（NOS）是网络管理的核心软件，它为计算机网络提供了基础的管理和操作环境。不同的网络操作系统提供了多种功能支持，从用户管理到资源分配，均为网络的稳定运行提供了保障。网络操作系统的选择通常根据网络规模、应用需求以及用户的技术偏好而定，确保网络的兼容性与可扩展性。

第六，协议。协议作为网络设备之间进行通信的规范，提供了标准化的通信机制。常用的协议如 TCP/IP 协议、IPX/SPX 协议、NetBEUI 协议等，分别适用于不同的网络环境和通信需求。这些协议不仅确保了数据的完整性和安全性，还为网络的扩展提供了灵活性。HTTP 等协议则为万维网的运行奠定了基础，支持了互联网的广泛应用。

第七，客户软件和服务软件。客户软件和服务软件分别运行于客户机和服务器中，为用户提供了直接的交互方式。通过客户软件，用户可以访问网络上的资源，而服务软件则负责提供网络服务的具体功能。两者共同构成了计算机网络的应用层，支持了从资源共享到数据处理的多种功能，使得网络的资源能够得到充分利用。

第二节　数据通信原理：计算机网络的传输机制

现代社会正处于信息技术快速发展的阶段，通信技术与计算机技术的融合极大地扩展了信息的传递与应用范围。这一发展使得人们能够在任何时间和地点便捷地获取和交换信息，促进了社会各层面的互动与交流。网络的普及不仅改变了信息流动的方式，还使得通信系统成为现代文明的重要标志之一，成为不可或缺的社会组成部分。在这一背景下，通信系统的复杂性不断增加，涵盖了多种技术与架构。这种复杂性要求人们具备对通信系统和网络基本概念的深刻理解，以便在实践中有效地应用计算机网络技术。掌握这些基础知识是实现网络高效管理与应用的前提，能够帮助个人和组织更好地适应快速变化的信息环境。

通信系统的演进不仅推动了信息传递的效率，也为各类社会活动的开展提供了坚实的技术支持。通过深入学习与研究通信技术，个体和组织能够更有效地利用这些技术资源，优化信息管理与沟通策略，从而促进经济与社会的发展。这一过程不仅反映了技术的进步，也彰显了信息时代对人类生活方式的深远影响。

一、数据通信的理论基础

数据通信是指计算机之间、计算机与终端之间以及终端与终端之间传输表示字符、数字、语音和图像的二进制代码的过程。这一过程的核心在于通过比特序列（0 和 1）实现信息的有效传递。数据通信系统构成了一个完整的网络架构，涵盖计算机、远程终端、数据电路及相关的通信设备。这一系统的设计与实施是确保信息准确、及时传递的基础。

在任何远程信息处理系统或计算机网络中，数据通信与信息处理的功能相辅相成。数据通信为信息处理提供了必要的传输服务，确保信息能够在各个节点之间流动与交互。与此同时，信息处理则依赖于数据通信所提供的传输能力，通过对接收到的信息进行分析和处理，实现系统的实际应用。这样的互动关系表明，数据通信不仅是信息流动的载体，更是信息处理效率提升的关键因素。

（一）数据、信息和信号的概念界定

在数据通信领域，数据、信息与信号三者之间存在着密切的关系，各自承担着独特的功能并在信息传递过程中发挥重要作用。

数据，是数据通信中传输的基本单位，通常以二进制代码的形式存在。数据的核心特征在于其作为信息的载体，承载着对特定对象或现象的表述。在这一过程中，数据并不涉及对内容的解释，仅仅作为传输的媒介。数据可分为模拟数据与数字数据两种形式，其中模拟数据的取值在连续范围内变化，而数字数据则限于离散的点上取值。数字数据因其存储、处理与传输的便利性而广泛应用于现代计算机系统[①]。

信息，则是数据所表达的内容与内涵，信息的获取与传递依赖于数据的形式表现。信息不仅涉及数据本身，还涵盖对数据的理解与解读。信息的载体可以是文字、声音、图像等多种形式。在现代社会中，信息资源的有效管理与利用依赖于计算机技术的支持，计算机的高速处理能力使得信息的采集、存储与检索变得更加高效和智能。

信号，则是数据在传输过程中的电磁波表现形式，其作用在于将信息转换为适合于通信信道传输的格式。在数据通信中，信号的类型可以分为模拟信号和数字信号。模拟信号具有连续性，幅度随时间变化，能够反映真实世界中的各种变化；而数字信号则是离散的，通常以脉冲的形式存在，能够有

---

① 何文斌，黄进勇，陈祥. 计算机网络 [M]. 武汉：华中科技大学出版社，2022：23.

效地承载二进制信息。在信息传输过程中，信号的质量直接影响到数据的完整性与可靠性，因此，信号的处理与编码技术是数据通信系统设计的重要组成部分。

（二）数据通信系统的基本组成

数据通信系统的基本组成包括信源、信宿、信道、发送设备、接收设备和噪声，这些组成部分共同构成了信息传输的整体框架。

信源，作为信息的发送端，负责产生并发出待传送的信息，其形式可以是字符、数字、语音或图像。

信宿，则作为信息的接收端，承担接收并处理由信源发送的信息。信源和信宿的有效连接是实现数据通信的基础。

信道，是信息在传输过程中所经过的媒介，承担着信息的传递任务。信道不仅由物理传输介质构成，还包含相关的通信设备。信道的性质对信息的传输速率和质量有着直接的影响，信道可以是模拟信道或数字信道，前者用于传输模拟信号，后者则专门传递数字信号。由于信道特性的多样性，信息在传输过程中可能需要进行相应的信号转换，以确保信号能够在指定信道上有效传输。

发送设备，其功能在于将信源输出的信息转换成适合信道传输的信号形式。具体而言，发送设备可以包括编码器和调制器，编码器负责将输入的二进制数字序列进行变换，以生成适合在信道上传输的信号。调制器则将编码后的信号调制为模拟信号，以便通过模拟信道进行远程传输。

接收设备，是执行解码和解调的过程，确保接收到的信息能够被正确理解和处理。

噪声，是数据传输过程中不可避免的干扰因素，可能源于各种外部环境和内部设备的影响。这些噪声分布在信息传输的各个阶段，并对信号的完整性和传输质量造成潜在的威胁。在分析通信系统时，通常将噪声视作影响信道的统一因素，以便于对其影响进行研究和评估。对噪声的有效管理和降低是提高数据通信可靠性的关键环节。通过优化这些基本组成部分及其相互作用，数据通信系统能够实现高效、可靠的信息传输，为信息时代的发展奠定基础。

（三）通信信道的分类及特性

1. 通信信道的分类

通信信道的分类对于理解数据传输的机制和效率具有重要意义。信道通常被视为数据信号传输的基础，主要由传输线路和相关设备组成。根据不同的标准，通信信道可分为多种类型，包括物理信道与逻辑信道、有线信道与无线信道、模拟信道与数字信道，以及专用信道与公共交换信道。

（1）物理信道与逻辑信道。物理信道是指用于传输信号或数据的实际通路，涵盖了所有的传输介质及其相关通信设备。与之相对的逻辑信道则是基于物理信道所构建的虚拟通路。在逻辑信道中，信号的接收与发送不仅依赖于物理介质的存在，还包括节点内部实现的其他连接，这些连接的组合使得同一物理信道可以承载多条逻辑信道，而每条逻辑信道仅允许一路信号通过。

（2）有线信道与无线信道。根据传输介质的形态，通信信道可以进一步划分为有线信道和无线信道。有线信道通过实物传输介质进行数据传输，常见的形式包括电话线、双绞线、同轴电缆和光缆等。相对而言，无线信道则不依赖于物理介质，通过电磁波等形式进行信号的传播，涉及的技术包括无线电、微波、卫星通信、激光和红外线等。

（3）模拟信道与数字信道。在信号类型方面，信道可以分为模拟信道和数字信道。模拟信道专门用于传输模拟信号，而数字信道则直接传递二进制数字脉冲信号。当需要在模拟信道上传输计算机生成的数字信号时，必须使用调制解调器进行信号的调制和解调，以确保信号的有效传输。

（4）专用信道与公共交换信道。根据信道的使用模式，通信信道可分为专用信道和公共交换信道。专用信道，亦称为专线，通常指的是用于用户之间设备连接的固定线路，可以是自行架设或租用的专线，适用于传输需求较高或距离较短的情况。公共交换信道则是通过公共交换机实现用户间通信的通道，为众多用户提供服务，公共电话交换网即为此类信道的典型代表。

2. 通信信道的特性

通信信道作为信息传递的基础设施，其特性直接影响数据传输的质量与效率。信道的主要特性包括信道带宽、误码率和信道延迟，这些特性在设计和优化通信系统时尤为重要。

（1）信道带宽是指信道所能传输的频率范围，决定了信道能够支持的最高数据传输速率。在模拟信道中，带宽的上限由最高频率和最低频率的差值决定。对于数字信道而言，带宽与脉冲序列的传输速率密切相关。根据奈奎斯特定理，在无噪声环境中，信道的最大码元速率可以通过带宽来推算。信道带宽的充分性对于降低信号失真至关重要。因此，合理配置信道带宽是提升通信质量的关键因素。

（2）误码率是衡量通信信道传输质量的重要指标，表示在数据传输过程中发生错误的概率。误码率越低，传输的可靠性越高。在有噪声信道中，随着数据速率的增加，误码率往往也会随之上升。因此，在设计通信系统时，需采取有效的误码控制和纠错机制，以确保数据的完整性和可靠性。

（3）信道延迟是指信号从信源传输到信宿所需的时间，受信源与信宿之间的距离以及信号在信道中传播速度的影响。信道延迟对实时通信系统尤其重要，延迟过大可能导致通信的时效性下降。因此，优化信道结构和选择合适的传输介质是降低信道延迟的有效手段。

二、数据通信的传输方式

在数据通信系统中，数据的传输方式不是唯一的，不同的传输方式使用的范围不同。

（一）串行传输和并行传输

数据传输方式可以分为串行传输与并行传输两种基本形式。这两种传输方式在实现数据交换时各具特点，适用于不同的应用场景，因而在信息技术领域具有重要的理论与实践价值。

1. 串行传输

串行传输，指的是在数据传输过程中，信息以单个位为单位进行逐位传输。该方式的主要优点在于其所需的线路数量较少，通常只需一条线路，这在传输设备的布线与成本控制上显得尤为高效。尽管串行传输的传输速率相对较低，但其高线路利用率使其成为长距离传输的首选，特别是在现代数据通信系统中，串行传输得到了广泛的应用。在计算机系统中，通常需要将内部并行数据转换为串行数据，以便进行有效的信道传输，这一过程由并/串转换装置完成。

在串行数据传输的领域，单工、半双工与全双工通信方式构成了基本的传输模式，各自具备独特的特性和应用场景。

（1）单工通信方式，为信息仅能沿单一方向传输。在此模式下，信源负责发送信息，而信宿则只能接收信息，无法进行信息反馈。这种通信方式的典型特征是其单向性，意味着信号的流动无法逆转。单工通信广泛应用于一些只需信息接收的设备，例如打印机，其主要功能是从计算机接收数据并执行打印任务。

（2）半双工通信方式，则允许信息在两个方向上交替传输，但并不支持同时传输。在这种模式中，通信双方均具备发送和接收的能力，然而在某一时刻只能选择一个方向进行数据传输。此模式常见于需要切换传输方向的通信设备，例如对讲机，使用者在发言时无法同时接听，必须等待对方结束发言后才能进行信息的回传。这种交替传输的机制在某些网络配置中得以应用，特别是在带宽有限的情况下，通过时间分配实现有效的数据传递。

（3）全双工通信方式则实现了信号在两个方向上的同时传输。这意味着通信双方能够同时发送和接收信息，极大地提高了数据传输的效率和流量。全双工通信通常依赖于两条独立的信道，或者通过先进的多路复用技术在同一物理线路上实现。这种方式适合于需要高效信息交流的环境，能够支持高带宽的数据传输需求。

2. 并行传输

并行传输，则是指在一次数据传输中，多个位（通常为一个字节）同时传送。这种方式的优点在于其传输速率较高，能够满足对数据传输速度要求严格的近距离应用需求。然而，并行传输需要多条信道，这导致其设备成本相对较高。同时，由于各个数据线之间存在电磁干扰的风险，尤其是在距离较远时，数据传输的可靠性可能受到影响。因此，尽管并行传输在短距离内具有较高的效率，其应用范围相对受限。

（二）同步传输和异步传输

数据传输的同步方式是确保信息在发送和接收过程中可靠传递的重要机制。从可靠性角度看，适当的同步方法能够有效地管理数据流，使接收方能够准确解读传送的信息。数据传输的同步方式主要分为同步传输和异步传输两种形式，各自具备独特的工作原理与应用场景。

1. 同步传输

同步传输方式以固定的时钟节拍进行数据的串行发送，在这种模式下，各码元的宽度保持一致，且字符之间无间隙。为了使接收方能够从连续的数据流中准确区分每个比特，发送方和接收方需要建立同步时钟。同步传输的关键在于，发送与接收双方的时钟必须在每个比特的传输上保持一致，这一特性使其又称为比特同步。数据的发送一般以分组或帧的形式进行，数据块的头尾附加特殊字符以标识其开始与结束。同步传输的实现方式包括外同步法与自同步法，前者通过额外的时钟信号线与接收端时钟连接，后者则依赖接收端从数据波形中提取同步信号。自同步法在远距离传输中应用较为广泛，其有效性与数据编码方式密切相关。

2. 异步传输

异步传输方式则采用字符为单位进行同步，每个字符的起始时刻可以不固定。这种模式通过在每个字符前后添加"起"信号和"止"信号来实现字符的同步。异步传输允许字符的单独或连续发送，且在不传送字符时，收发时钟不需要保持同步，仅在传输字符时才需确保每一位的同步。此方式的优势在于，每个字符本身即包含同步信息，简化了同步设备的配置。然而，异步传输因每个字符均需附加起止信号，导致线路开销增加，降低了传输效率，适用于低速数据传输的场合。

（三）系带传输和频带传输

各种传输介质所能传输的信号不同，有些传输介质可以传输数字信号，有些则可以传输模拟信号。因此，数据的传输也相应地分为基带传输方式和频带传输方式两类。

1. 基带传输

基带传输方式采用未经调制的原始脉冲信号，这种信号直接表示二进制数的 0 和 1。基带信号作为数字信号的基础，通过有线线路进行直接传输。在实施基带传输时，通常需要对原始数据进行必要的编码处理，以确保信号在传输过程中的有效性与准确性。此过程中，发送端将数据编码后进行传输，而在接收端，则需对信号进行解码，以恢复出原始数据。基带传输方式适用于近距离的数据传输，因其简洁高效，能够满足短距离通信的需求。

2. 频带传输

频带传输方式涉及信号的调制过程，传输信号通过调制器进行频率转换，以适应信道的频率特性。调制不仅提高了信号在传输过程中的稳定性与抗干扰能力，还有效克服了基带传输在频带宽度过大时可能遇到的技术挑战。频带传输的接收端需要相应的解调设备，以将调制后的信号还原为原始数据。因此，频带传输方式通常适用于远距离通信场景，尤其在模拟信道中，其应用尤为广泛。

（四）扩展频谱通信传输

扩展频谱通信，通常被称为扩频通信，作为一种先进的数据传输方式，旨在通过将信号分散至更广泛的频带来降低信号阻塞和干扰的风险。这一技术主要包括直接序列扩频（DSSS）和跳频扩频（FHSS）两种方法，各自在无线通信领域发挥着重要作用。

在扩频通信中，输入的数据首先通过信道编码器处理，生成一个接近其中央频谱的较窄带宽模拟信号。随后，该信号会被一个伪随机序列调制，从而显著拓宽信号的带宽。这一过程不仅提高了抗干扰能力，还提升了信号在复杂环境中的传输可靠性。在接收端，采用相同的伪随机序列进行信号恢复，最后通过信道解码器还原数据。

1. 直接序列扩频

直接序列扩频（DSSS）是扩频通信中应用广泛的一种技术，其基本原理在于通过高码率的扩频码序列直接扩展信号的频谱。在发送端，该技术能够有效地将信号扩展至较宽频带，使得其功率谱密度低于背景噪声，从而能够隐蔽在噪声环境中，降低被检测的概率。接收机通过使用相同的扩频序列对扩展信号进行解调，能够准确恢复出原始数据。此外，DSSS 的抗干扰特性使得系统能够有效地抑制外部干扰信号，从而保证数据的传输质量。

2. 跳频扩频

跳频扩频（FHSS）则采用了一种频谱的动态使用策略。其通过将整个频谱划分为多个子信道，发送方和接收方在每个通道上工作一定时间后转移至另一个通道。在这种方式下，信号以似乎随机的频率发送，确保每个数据分组在不同频率上进行传输。这种机制不仅增强了系统的安全性，使得监听者难以解读传输的信号，还提高了对干扰信号的抗性，因为只有一部分传输会受到干扰，整体数据的完整性得以保持。

第三节　网络体系结构：OSI 与 TCP/IP 模型解析

计算机网络的演变历程展现了其作为复杂系统的多样性与广泛性，尤其是互联网的崛起极大地推动了全球信息技术的变革。网络技术的广泛应用不仅提高了生产效率，还在降低运营成本方面发挥了重要作用，促使各类机构积极接入互联网，进而扩大了网络规模。这一过程虽然显著推动了网络技术的快速发展，但不同硬件和软件的使用导致了早期网络间的兼容性问题，阻碍了跨网络的通信。

为了解决这些技术挑战，尤其是在局域网和广域网日益扩大的背景下，互联互通成为了亟须解决的核心问题。国际标准化组织（ISO）认识到，建立一个统一的网络模型对于促进设备间的互操作性至关重要。自 20 世纪 80 年代初，ISO 便开始致力于制定普遍适用的规范，以确保全球计算机平台能够进行开放式通信。在这一背景下，开放系统互联（OSI）模型的提出便是一个重要的里程碑。

OSI 模型于 1984 年正式发布，将网络通信结构划分为七个层次，每一层具有特定的功能并与相邻层进行互动。自物理层到应用层，这种层次化的设计确保了数据在传输过程中的可读性、准确性和顺序性。在模型的最底层，物理层负责信号的传输，而在最顶层，应用层则与用户的软件直接交互。这一结构不仅为网络产品的制造商提供了清晰的指导，也为实现网络间的有效通信奠定了基础。

一、计算机网络体系结构概述

计算机网络是一个复杂的计算机及通信系统的集合,在其发展过程中逐步形成一些公认的建立网络体系的模式,可将其视为建立网络体系通用的蓝图,称为网络体系结构,用以指导网络的设计和实现。

(一)计算机网络体系结构的概念

计算机网络体系结构作为一种抽象概念,构成了计算机网络的基础框架,涵盖了网络的分层结构、各层协议、功能及其间的接口。这一体系结构的核心在于其层次化的设计理念,使得不同的计算机系统,尤其是异构系统,能够实现有效的互联与通信。计算机网络通常分为两个子网层次,即提供信息传输服务的通信子网层和提供资源共享服务的资源子网层。在这两者之间,通信子网的功能为资源共享的实现提供了必要的支持。

通信子网通过数据通信服务来满足资源子网的需求。然而,信息的多样性以及其在不同场景中的应用要求使得通信子网的服务标准也呈现出多样性。因此,设计一个能够兼顾不同系统需求的通信功能,成为了网络体系结构需解决的主要问题。这一结构不仅确保了数据在传输过程中的正确性和有效性,还为不同层次间的交互提供了清晰的规范。

网络体系结构强调了同层次机构间的约定与不同层次机构之间的服务关系。通过定义层次间的接口与协议,网络体系结构能够实现相对独立的功能模块,使每一层专注于自身的任务,而不必关注底层的具体实现。这种设计保证了网络的灵活性和扩展性,即使连接的主机和终端存在差异,只要遵循相同的协议,它们依然能够实现高效的互操作。

此外,网络体系结构本质上是对网络逻辑构成及其功能的规范描述。其设计原则包括功能组织、数据结构与过程说明,为网络的设计与实施提供了理论基础。网络体系结构不涉及具体的硬件和软件实现,明确了网络设计者应当关注的"做什么"而非"怎样做",从而使得网络的设计与实现能够适应快速变化的技术环境[①]。

(二)计算机网络协议

计算机网络协议构成了计算机网络中各设备之间通信规则的基础框架。这些设备包括网络服务器、计算机、交换机、路由器以及防火墙等。协议的核心功能在于定义设备间交互所需遵循的数据格式、传输过程以及信息的解释,从而实现网络模型中各层的有效运作。

在计算机网络中,协议的定义涵盖了通信实体之间规则的集合,其关键要素包括语法、语义和时序。首先,语法指的是以二进制形式表达的命令及其结构,包括数据与控制信息的格式以及数据编码方式。这一要素确保了设备在信息交换过程中能遵循统一的结构标准。其次,语义涵盖了发送命令的请求、完成动作的反馈及相应的返回响应,这一要素保证了信息内容的准确传达及各项操作的明确意图。最后,时序要素详细规定了通信过程中的时间关系,包括应答顺序及状态变化,确保了设备间的协调与同步。

因此,网络协议不仅是计算机网络不可或缺的组成部分,更是实现设备间有效沟通的必要条件。在没有网络协议的情况下,连接在网络上的设备无法进行任何有效的操作。值得注意的是,当仅在单独的计算机上执行文件存储等操作时,协议并不必需,除非存储介质是网络中的文件服务器。

协议的表现形式通常有两种:一种是便于人类理解的文字描述,另一种则是计算机可解析的程序代码。这两种形式必须能够对网络信息交换过程进行准确解释,以确保在不同设备间的通信有效且无误。综上所述,计算机网络协议在确保信息传递、维护网络安全以及优化资源利用等方面扮演着至关重要的角色。

---

① 贺杰,何茂辉. 计算机网络 [M]. 武汉:华中师范大学出版社,2021:12.

（三）计算机协议分层

计算机协议分层是一种重要的体系结构,旨在简化复杂网络系统的设计与实现。通过将整个协议体系划分为多个明确的层次,协议分层不仅使协议的描述更加清晰,还便于各层功能的独立开发和调试。网络分层的主要目的在于实现不同层次之间的逻辑连接和信息传输,同时确保各层之间的功能相互独立,提升网络的灵活性与可维护性。

在协议分层结构中,实体与系统的概念得以明确。每一层的实体可视为一个独立的功能模块,其职责包括发送或接收信息。系统则指向可能包含一个或多个实体的计算机或网络设备。这种层次化的设计使得相同层次的实体可以视作对等实体,通过共同的协议进行通信。在此框架内,接口的定义成为各层交互的关键。下层通过接口为上层提供服务,上层则通过接口利用下层提供的功能。这种分层方式能够有效屏蔽实现细节,使得上层只需关注服务的使用,而无须了解下层的具体操作。

服务原语和协议数据单元(PDU)的引入进一步促进了层间的清晰界限。服务原语作为不可再细分的基本操作,通过服务访问点在相邻层之间传递控制信息和数据,确保通信过程的高效与可靠。协议数据单元则在对等实体之间承载信息,分为本层控制信息与上层协议数据单元,为数据的可靠传输奠定了基础。

网络分层的优势显而易见。每层的独立性使得某一层的修改不会影响其他层的功能,只要层间接口保持不变。这种灵活性有助于适应技术变革和需求变化。此外,各层可以根据特定需求采用最适合的技术,从而实现技术的优化与创新。通过将复杂系统拆分为多个相对独立的子系统,网络的实现与维护变得更加简单和高效。这种结构化的设计理念促进了标准化的进程,使得每层的功能与服务有了明确的规范。

（四）计算机网络服务

计算机网络服务是网络体系结构中上下层之间的互动过程，旨在为上层提供所需的通信能力与操作，同时屏蔽下层的具体实现细节。这种服务体现了网络分层结构中的单向依赖关系，其中每一层均向其相邻的上层提供服务，而这些服务又依赖于其下层及以下各层的能力。通过这种分层机制，网络的各个部分能够有效协调与通信。

网络服务的实现依赖于服务原语，这些原语以操作或函数的形式描述了层间的交互。具体而言，服务原语可分为请求、指示、响应和证实四类，分别用于发起服务请求、提示状态、回应指示及报告请求成功与否。这种信息交互不仅促进了服务提供者与用户之间的协调，也确保了各层之间的有效沟通。

在网络体系结构中，下层为上层提供的服务可分为面向连接的服务和无连接的服务。面向连接的服务要求在数据传输之前建立逻辑连接，确保通信双方在传输数据前进行有效的连接管理。这种服务通常经历建立连接、数据传输和撤销连接三个阶段，并在传输过程中减少了数据分组中包含的目的地址信息，从而提高了数据传输的效率。此类服务特别适合于大数据量或实时性要求高的应用场景。

无连接的服务则类似于邮政系统的信件通信，允许计算机在无须预先建立连接的情况下随时发送数据。这种方式提供了更高的灵活性和信道利用率，尤其适合短报文的传输。由于无连接服务不要求在通信前建立连接，每个数据分组必须包含目的地址，这增加了网络负担。同时，这种服务在传输过程中可能会出现分组丢失、重复或失序等问题。

在计算机网络的语境中，"服务""功能"和"协议"这三者虽然常被提及，但其内涵却各有不同。"服务"是对上层的外部表现，旨在满足其需求；"功能"则是本层内部的活动，旨在实现外部服务的能力；而"协议"则作为层次间交互的工具，支持内部功能与外部服务的实现。因此，计算机网络服务在整个网络通信体系中扮演着关键的角色,保障了信息的有效传递与资源的高效利用。

二、开放系统互联（OSI）参考模型

开放系统互联（OSI）参考模型作为国际标准化组织（ISO）在 20 世纪 80 年代初提出的重要框架,为网络互联提供了基本的指导原则。该模型的提出旨在解决当时不同计算机网络体系结构之间的兼容性问题。这些早期体系结构,例如 IBM 的系统网络体系结构（SNA）和 DEC 的数字网络体系结构（DNA）,虽然采用了分层的设计思想,但由于各自的特定需求与技术实现,导致了系统之间的互操作性缺失。

OSI 参考模型的显著特点在于其开放性,允许不同厂商的网络产品在遵循该标准的前提下实现互联与互操作。此特性使得任何遵循 OSI 标准的系统能够在物理连接后进行有效的通信。这一模型通过明确界定网络的层次结构以及各层所提供的服务,提供了一个标准化的框架,促进了网络设备与技术的普遍兼容性。

OSI 参考模型的成功之处在于其清晰地分离了服务、接口和协议这三者之间的关系。这种区分不仅消除了概念上的混淆,还有效地将功能定义与实现细节分开,为网络设计提供了高度的概括性和灵活性。这一抽象化的方法使得模型能够适应多种应用场景,促进了网络技术的创新与发展。

通过实施 OSI 参考模型,网络架构设计者能够在不依赖具体实现的情况下,专注于功能的定义与设计。这一策略不仅简化了网络协议的开发与维护过程,同时也为不同网络系统之间的合作与整合奠定了基础。如此一来,OSI 模型在网络通信领域发挥了至关重要的作用,推动了信息技术的全球化进程。

（一）OSI 参考模型结构

开放式系统互联（OSI）模型作为一种分层体系结构，提供了一种系统化的方法来理解和实现计算机网络中的通信功能。该模型将通信过程划分为七个独立的层次，每一层都承担特定的功能，并定义了相应的通信指令格式。这一设计理念体现了分而治之的原则，使得复杂的通信系统可以通过层次化的结构进行管理和优化。

OSI 模型自底向上依次包含物理层、数据链路层、网络层、传输层、会话层、表示层和应用层。每一层的功能均独立且相互配合，确保信息在不同层次之间的高效传递。层与层之间的交互通过各自的协议进行，这些协议被称为对等协议，允许相同层次的实体之间进行有效的通信。该模型的特点在于：首先，各个计算机系统均遵循相同的层次结构，确保了系统间的兼容性与互操作性。其次，不同系统的相应层次执行相同的功能，这为跨平台通信提供了理论基础。此外，同一系统内的各层通过接口进行连接，形成一个协调的网络架构。相邻层次之间，下层为上层提供服务，上层则利用下层所提供的功能，从而实现信息的有效流动。

在层次划分的原则中，首先确保同一网络中的各节点具有一致的层次结构，其次保证不同节点的同等层具备相同的功能。层间通信通过接口实现，同时，每一层能够利用下层的服务并向上层提供相应的服务。这一机制确保了网络通信的灵活性和高效性。

（二）数据的封装与解封装

在 OSI 参考模型中，数据的封装与传递是实现网络通信的核心过程，涉及对等层之间的协议数据单元（PDU）的交换。节点之间的通信并非直接进行，而是依赖下层服务的支持。每当某一层需要传送数据时，它会将自身的 PDU 交给下层处理，从而通过虚拟通信实现信息的传递。

数据封装是这一过程的第一步。为了在网络中传输数据，发送节点需在原始数据的首部和尾部添加特定的协议头和协议尾,这一过程被称为数据打包。发送层将其 PDU 交给下层,该下层在理解其内容的基础上,将其作为自身 PDU 的数据部分。随后,它将增加的协议信息封装入新的 PDU 中,并将其发送至物理层进行实际传输。这一机制确保了数据在不同层次之间的有效传递,使得信息能够通过物理媒介顺利到达接收节点。

数据解封装则是接收过程中的关键环节。接收节点在其对等层接收到数据后,将依照相同的协议规则,逐层去除附加的协议头和协议尾,从而恢复原始数据。此过程确保了信息的完整性与准确性,使得各层能够有效解析并处理接收到的数据。在这一过程中,接收方不必了解发送方的具体实现细节,只需关注协议定义的内容即可。

封装与解封装的机制为网络通信提供了一种结构化的方法,使得不同系统之间能够顺畅地交换信息。这一过程的透明性,使得相互通信的计算机能够在不感知复杂处理过程的情况下,仿佛数据是"直接"传送的。这种设计体现了开放系统的核心特征,促进了不同网络环境下的互联互通,极大地提升了信息交流的效率和可靠性。数据封装与解封装的过程,正是网络协议功能的具体体现,推动了现代网络通信技术的发展与应用。

(三)OSI 各层的功能及其实现

1. 物理层

物理层是 OSI 参考模型的基础构成部分,承担着在通信信道上传输二进制比特流的职责。其主要功能在于建立、维持和释放数据链路实体之间的连接,确保信息在不同设备间的透明传输。物理层并不仅仅是传输介质的代名词,而是在数据链路层与物理介质之间起到逻辑接口的作用,涵盖了信号的生成、传输和接收等基本过程。

物理层协议为网络设备的互联提供了必需的基础标准,旨在实现不同网络物理设备之间的有效通信。其核心目标在于通过控制信号的电气和机械特性,确保发送和接收的信号一致性,维护数据链路层对物理层特性的透明性。物理层服务包括物理连接服务、物理服务数据单元服务和顺序化服务,其中物理连接服务负责建立与数据链路层的物理连接,而物理服务数据单元则指代非结构化的比特流传输,确保数据按照原顺序准确无误地传递。

在物理层,接口标准的制定至关重要。物理接口标准规定了与传输介质相连接的设备之间的机械、电气、功能和规程特性。这些特性确保了数据在物理层与物理传输介质之间的有效交互,为网络的稳定运行提供了保障。信号可以通过多种形式的传输介质进行传送,包括有线和无线选项,各具特性和应用场景。

数据终端设备(DTE)和数据电路终接设备(DCE)之间的协调运行,是物理层功能实现的关键。DCE负责在DTE与传输介质之间进行信号变换和编码,确保比特流的顺序和完整性。标准化的物理接口不仅促进了设备之间的兼容性,还提升了网络系统的整体性能。物理层在网络通信中扮演着不可或缺的角色,其对信号传输质量和可靠性的保障,奠定了高层协议有效运行的基础。通过适当的物理层实现,可以有效应对信号衰减和失真等问题,保证数据在网络中的流畅传递。

2. 数据链路层

数据链路层在开放式系统互联(OSI)模型中扮演着至关重要的角色,其主要功能是为相邻节点之间提供可靠的通信链路,确保数据以"帧"为单位进行传输。此层不仅负责将网络层的协议数据单元(PDU)封装成帧,还承担数据流量控制和差错控制等重要职责。通过对数据流的管理,数据链路层能够有效增强物理层的原始比特流传输功能,使其对网络层呈现为一条无差错的通路。

在数据链路层,发送方的功能包括对上层数据的封装及控制信息的附加,以形成完整的帧。接收方则负责将通过物理层传输的比特流重新解析为帧。在这一过程中,数据链路层不仅需要确保帧的正确接收,还需处理由不可靠传输介质引起的各种差错。为此，数据链路层通过建立、维护和释放数据链路连接，为网络层提供一个高效、可靠的传输环境。

数据链路层的功能主要包括链路管理、帧的传输、差错检测与控制、流量控制、多点连接支持以及帧接收顺序控制等。其链路管理职能确保数据链路的有效建立和维护，进而为数据传输提供稳定的基础。通过使用冗余信息进行差错检测，数据链路层能够在传输过程中及时识别并纠正错误，保障数据的完整性与可靠性。此外，流量控制机制的实施则有助于调节数据发送速率，避免数据拥塞，从而优化整体网络性能。

数据链路层在成帧过程中的作用不可忽视。它通过定义特定的控制信息和数据部分，使接收方能够准确识别帧的边界。此过程涉及多种成帧方法，如面向字符填充、长度填充和比特填充等，这些方法均旨在确保帧的完整性与可靠性。

差错检验是数据链路层的重要功能之一。在数据传输过程中，由于外部干扰等因素，可能会导致比特差错的发生。数据链路层通过实现多种差错检测机制，如循环冗余检验（CRC），有效提升了对错误的识别能力。当数据链路层检测到差错时，能够及时采取措施，通知发送方进行重传，或通过纠错码修复数据，从而保持数据的高可靠性。

3. 网络层

网络层是 OSI 参考模型中至关重要的组成部分，负责管理和控制通信子网的运行。其核心功能在于通过提供交换和路由机制，使得传输层的实体能够以无连接的方式进行数据传递，从而实现高层协议与底层传输技术之间的有效隔离。网络层的设计目标是确保数据能够在网络中顺利传送，而不受具体物理网络特性的影响。

网络层的首要功能是逻辑地址寻址。在跨网络通信中，物理地址的局限性使得无法直接解决不同网络之间的寻址问题。因此，网络层为数据包添加源节点和目的节点的逻辑地址，以便在多种网络环境中实现准确的路由。这一功能不仅提升了数据包在不同网络间的可达性,也为实现复杂网络架构提供了支持。

此外,网络层还承担着路由选择的职责。在网络中,数据包从源节点到目的节点的传输可能涉及多条路径,选择最佳的传输路线是确保数据高效到达的关键。路由选择依赖于特定的算法,这些算法能够根据网络状况动态调整路径,优化数据传输性能。

流量控制和拥塞控制同样是网络层的重要功能。流量控制机制确保数据包在从源主机到目的主机的传输过程中保持适当的速率,以防止网络瓶颈。而拥塞控制则通过监测网络状态,避免因数据过量引发的网络性能下降,确保数据包的完整性与及时传送。这些控制措施不仅增强了网络的稳定性,也提升了整体用户体验。

在实现网络层功能的过程中,路由器起着至关重要的作用。作为网络层设备,路由器通过解析数据包中的逻辑地址,确定最佳传输路径,并负责数据的转发。路由器的工作使得网络层能够在复杂的网络环境中实现高效的数据流转,确保信息的及时传递。

4. 传输层

传输层在计算机网络的 OSI 参考模型中扮演着关键角色,其主要职责是提供可靠、透明的端到端数据传输。通过实现差错控制和流量控制机制,传输层确保了数据在网络中传递的可靠性与有效性。在此层次的存在使得上层协议(如会话层、表示层和应用层)可以不受底层网络硬件变更的影响,从而维持其功能的一致性和可用性。

传输层的功能主要体现在其提供的两种基本服务:面向连接的服务和面向无连接的服务。面向连接的服务要求在数据传输之前建立一个逻辑连接,并在数据传输完成后进行断开,这一过程伴随有流量控制、差错控制及顺序控制,确保数据的可靠性。相对而言,面向无连接的服务则不建立逻辑连接,信息的传输顺序可能无法得到保证,但在特定场合下,尤其是广播数据传输中，此类服务仍然是必需的。

为实现可靠的数据传输，传输层使用了确认（ACK）和超时机制。ACK是发送方发给接收方的控制帧，表明数据帧的成功接收。若在预定时间内未收到 ACK，发送方将重发原始帧。这种机制被称为自动请求重传（ARQ），其策略可以通过多种算法实现，包括停止等待协议、连续 ARQ、选择 ARQ和滑动窗口协议。

停止等待协议为最简单的 ARQ 实现方式，要求发送方在发送下一帧之前，等待确认。这种方式的不足在于链路上的利用效率较低，因为它限制了发送方在等待确认时的发送能力。相较之下，连续 ARQ 允许发送方在等待确认的同时发送多个数据帧，从而提高了数据传输的效率。选择 ARQ 则在此基础上，通过接收方的缓存机制，仅重传错误帧，进一步优化了数据的可靠性和效率。

滑动窗口协议则在发送和接收方之间引入了窗口概念，通过设置序号和维护发送窗口大小与接收窗口大小来实现高效的流量控制与数据传输。这一协议的灵活性使其能够适应多种网络环境，实现可靠的数据传输、顺序保持及流量控制。

5. 会话层

会话层在 OSI 参考模型中占据重要地位，旨在为两个相互通信的应用进程提供高效的会话机制。这一层的主要功能是建立、组织和协调双方的交互，从而确保会话的顺利进行与同步。在完成一次完整的通信过程中，会话层不仅负责会话的建立与维护，还包括会话的结束，其目标在于为用户提供面向连接的服务，同时有效地管理会话活动。

会话层的功能涵盖了会话管理、流量控制、寻址及出错控制等多个方面。

（1）会话管理功能使用户能够在两个设备之间灵活地建立、维持和终止会话。这一过程支持单向会话及双向交替会话，确保数据在会话中的顺序传送，并对会话的持续时间进行合理的管理。此外，会话层能够跟踪会话中处于活跃状态的一方，为数据交换提供必要的支持。

（2）会话流量控制功能确保数据在传输过程中保持适当的速率，避免因信息过载导致的通信效率降低。通过提供交替会话的机制，会话层能够在多个数据流之间实现有效的协调与管理，提升了通信的灵活性和可靠性。

（3）会话层还负责使用远程地址建立会话连接，确保不同设备间的顺畅沟通。在此过程中，寻址机制提供了所需的逻辑地址信息，使得会话的建立更为高效。

（4）出错控制是会话层的重要职责之一。虽然其主要功能在于管理数据交换的各个阶段，实际操作中，会话层还需接收来自传输层的数据，并对可能出现的错误进行纠正。这种错误处理机制对于保持通信的完整性与稳定性至关重要，尤其是在大型数据传输过程中，确保通信的连续性与可靠性。

6. 表示层

表示层在 OSI 参考模型中占据第六层，其核心功能是确保来自应用层的数据能够以适当的格式传递给会话层。该层的主要任务是处理用户信息的表示问题，包括数据编码、格式转换以及加密解密等，以便实现不同应用程序之间的互操作性。

表示层的功能主要体现在数据格式处理上，通过协商并建立数据交换的格式，解决不同应用程序在数据表示上的差异。这一功能确保了来自不同源的应用程序能够以兼容的方式进行数据交流，从而促进了系统的互联互通。

在编码方面，表示层负责处理各种字符集和数字的转换。由于用户程序中数据类型（如整型或实型）及用户标识等的多样性，表示层必须具备不同字符集和格式之间的转换能力。这一过程对于保证数据在不同设备间的正确传递至关重要。

此外，表示层还承担数据压缩与解压缩的任务，以减少数据的传输量。通过有效地压缩数据，表示层不仅提高了传输效率，还优化了网络资源的使用，从而在一定程度上提升了整体网络性能。

表示层通过实施数据的加密和解密，增强了网络的安全性。加密技术的应用确保了数据在传输过程中的机密性和完整性，降低了潜在的数据泄露风险。这一安全措施对保护用户信息和维护网络环境的安全性具有重要意义。

7. 应用层

应用层作为 OSI 参考模型的顶层，充当了计算机网络与最终用户之间的重要接口。其功能涵盖了系统管理员在管理网络服务时所需考虑的所有问题与基本功能。应用层依赖于下方六层所提供的数据传输与数据表示服务，旨在为网络用户或应用程序提供完成特定网络服务功能所需的多样化应用协议。

在应用层中，网络服务的种类繁多，包括文件服务、电子邮件服务、打印服务、集成通信服务、目录服务、网络管理服务、安全服务、多协议路由与路由互联服务、分布式数据库服务以及虚拟终端服务等。每种网络服务均通过特定的应用协议得以实现，这些协议的标准化对于确保不同网络操作系统之间的互操作性至关重要。各个网络操作系统在功能、用户界面、实现技术、硬件平台支持以及开发应用软件所需的应用程序接口（API）等方面均存在显著差异，因此，统一应用协议的标准成为提升网络服务质量的必要措施。

应用层的核心功能包括用户接口的提供。作为用户与网络之间的直接连接点，应用层使得用户能够与网络进行互动，从而实现高效的数据交换和服务访问。此外，应用层承载着实现各种服务的能力，通过其应用程序，用户的请求得以有效响应与满足。这一过程强调了应用层在保障信息以正确、可理解的形式传送方面的关键作用。

在 OSI 参考模型中，底部三层构成了通信子网，为用户之间提供透明连接，并以每条链路为基础进行通信。而顶层的三层则构成了资源子网，旨在保证信息以适宜的形式进行传递。传输层作为顶层与底层之间的接口层，不仅实现了端到端的透明连接，还满足了用户对服务质量的需求，并向应用层提供了适当的信息格式。

三、传输控制协议/互联网协议（TCP/IP）

传输控制协议/互联网协议（TCP/IP）体系结构以其独特的设计理念和广泛的适用性在全球网络技术中占据了举足轻重的地位。与 OSI 参考模型的理想主义不同，TCP/IP 体系结构在成立之初便着眼于解决异种网的互联问题。这一策略反映出 TCP/IP 在多元网络环境中协调和整合不同标准的能力，使其成为实现网络互联的核心技术。TCP/IP，即传输控制协议/互联网协议，该体系结构采用分层设计，旨在解决分组交换网的通信需求。TCP/IP协议在不断发展中逐渐适应了复杂多变的数据通信环境，最终成为商业化最为成功的网络协议，并被广泛视为事实上的国际标准。

TCP/IP 的迅速普及得益于其诸多显著特点。首先，其开放的协议标准使得用户能够免费使用 TCP/IP 协议，并且与特定计算机硬件和操作系统无关。这一特性促进了其在各类设备和平台上的广泛应用，极大地降低了技术门槛。其次，TCP/IP 的设计允许其独立于特定网络硬件，这使其能够灵活地在局域网和广域网中运行，并特别适合于互联网的复杂结构。再次，统一的网络地址分配方案确保了每个 TCP/IP 设备在网络中具备唯一的地址，从而简化了网络管理与配置。最后，标准化的高层协议提供了多样化的用户服务，满足了不同应用需求的同时，增强了用户体验。

（一）TCP/IP 体系结构的层次分析

TCP/IP 体系结构基于实际需求，构建了一个高效的四层模型，包括网络接口层、网际层、传输层和应用层。这一结构不仅简化了网络协议的设计，同时也增强了系统的灵活性与互操作性。

第一，网络接口层。网络接口层位于 TCP/IP 模型的底部，负责将比特流传送至物理介质。这一层与 OSI 参考模型中的物理层和数据链路层相对应。值得注意的是，TCP/IP 并未对特定的网络接口协议进行定义，而是设计为适应多种网络类型，如局域网（LAN）、城域网（MAN）和广域网（WAN）。这种灵活性为 TCP/IP 在各种网络环境中的广泛应用奠定了基础。

第二，网际层。网际层在整个 TCP/IP 体系结构中发挥着核心作用，与 OSI 模型的网络层相当。该层负责处理来自传输层的报文段发送请求，并将其装入 IP 数据报中，填充相应的报头，选择合适的发送路径，最终将数据报发送到目标网络输出端。同时，网际层也负责接收数据报，检查目的地址，并根据需要进行转发或交付至传输层进行处理。此外，网际层还承担着路径选择、流量控制和拥塞管理等关键功能，确保数据在网络中的高效传输。

第三，传输层。传输层作为 TCP/IP 体系结构的第三层，主要实现应用程序间的端对端通信，与 OSI 参考模型中的传输层相似。此层的主要任务是建立源主机与目的主机之间的连接，支持会话的管理。传输层包含两个主要协议，即传输控制协议（TCP）和用户数据报协议（UDP），分别适应不同的通信需求。

第四，应用层。应用层是 TCP/IP 模型的顶层，涵盖了所有高层协议并不断引入新协议，以满足日益增长的网络服务需求。该层提供了用户与网络之间的直接接口，使用户能够通过各种应用程序与网络进行交互。

（二）OSI 与 TCP/IP 的比较分析

在计算机网络领域，OSI 参考模型与 TCP/IP 体系结构是两种重要的协议架构，尽管它们均采用层次化的设计理念，二者之间存在显著的差异。这些差异不仅体现在层次划分上，也涉及协议的应用与实现，形成了各自独特的优缺点。

OSI 参考模型与 TCP/IP 体系结构在多个方面存在共同点。两者均采用协议分层的方法，将复杂的网络通信问题划分为若干可管理的小问题，便于各层功能的实现和维护。各层的功能相似，均设有网络层、传输层和应用层，其中网络层负责主机间的通信和路由选择，而传输层则实现端到端的通信保障，确保数据的可靠传输。此外，两者均具备解决异构网络互联的能力，实现不同厂商设备间的有效通信。同时，OSI 和 TCP/IP 均提供面向连接和无连接的通信服务机制，基于协议集的概念以完成特定功能的独立协议。

然而，TCP/IP 体系结构与 OSI 参考模型的不同之处亦显著。①在层次调用关系上，TCP/IP 体系结构较为灵活，允许越级调用底层服务，而 OSI 参考模型则严格要求通信必须通过相邻层进行。这种设计差异使得 TCP/IP 在数据传输效率上更具优势，能够减少不必要的开销。②TCP/IP 在构建之初便考虑到了异种网络的互联问题，互联网协议成为其核心部分，而 OSI 模型在设计时未充分考虑这一点，从而在应对多样化网络环境时存在不足。

TCP/IP 体系结构一开始便为用户提供了可靠和不可靠两种服务，而 OSI 模型则主要关注可靠服务的提供，缺乏对效率的综合考虑。这表明，TCP/IP 在网络传输效率的提升上具有更强的适应性和灵活性，而 OSI 则更强调数据传输的完整性与可靠性。

尽管 OSI 参考模型在理论上受到广泛认可，但由于技术实现上的难度及市场时机的把握不当，导致其未能推出成熟的产品，进而影响了其发展。而 TCP/IP 体系结构则在实际应用中经历了多年的验证，尤其是在互联网迅速发展的背景下，获得了广泛的支持和应用。

第四节 以太网技术：交换机制与网络优化

以太网作为局域网链路层标准的广泛应用源于其卓越的性能与不断发展的技术特性。最初的实验室原型系统奠定了以太网的发展基础，尽管其早期速率仅为 3 Mb/s，但在经过多年的优化和演进后，现今的以太网速率已提升至 10 Gb/s，且在局域网市场中占据了主导地位。这种广泛的应用得益于以太网对异步工作方式的支持，尤其适用于 IP 数据流的突发性传输需求，展现了其高效的数据处理能力。

随着技术的不断发展，以太网不仅在传输速率上取得了突破，还在局域网的架构与功能上进行了重要革新。诸如局域网交换技术、星型拓扑结构的布线方式、大容量 MAC 地址的存储与管理等创新，使以太网的应用场景更加广泛与灵活。这些技术改进大大提升了网络的可扩展性和可靠性，确保了以太网在复杂网络环境中的稳定运行。

尽管以太网的名字与早期技术保持一致，其内在功能和架构已发生了根本性的变化。除帧结构外，传统以太网的特征已逐渐被现代技术所取代，使其能够适应当代网络对高性能、低延迟和高带宽的要求。这些持续的技术进步保证了以太网在局域网技术中保持着不可撼动的地位，并将继续引领局域网标准的发展方向。

一、以太网技术原理

（一）以太网的层次结构

以太网的层次结构可以分为数据链路层和物理层两大部分。在这些层次中，每一层都有特定的功能，确保数据能够在网络中有效传输，同时维持整体网络的稳定性与安全性。

1. 数据链路层

数据链路层是以太网层次结构中的核心组成部分。该层进一步细分为两个子层：介质访问控制（MAC）子层和逻辑链路控制（LLC）子层。这一层的主要任务是负责对物理层的传输功能进行控制，并确保数据能够在不同设备之间进行有效的通信。MAC 子层负责物理链路的访问控制，并使用唯一的 MAC 地址来标识每一个网络节点。这些地址由 IEEE 统一管理，以确保全球范围内的唯一性。而 LLC 子层则主要负责处理数据封装以及多种网络协议的复用，确保不同协议的数据能够通过以太网有效传输。

2. 物理层

以太网的物理层定义了设备与传输介质之间的物理连接方式。该层通过设定介质相关接口层（MDI）和连接单元接口层（AUI）来实现对不同物理介质的支持。物理层的变化不会影响数据链路层的功能，从而确保以太网在面对不同的物理传输条件时，依旧能够保持较高的兼容性与稳定性。

通过对数据链路层与物理层的合理划分，以太网实现了高效的网络数据传输，并通过分层的设计提高了系统的扩展性与可管理性。这种层次结构不仅简化了网络设计，还使得以太网能够适应不同的网络环境与技术需求，确保其在复杂网络中的持续应用与发展。

（二）以太网的帧格式

以太网的帧格式是网络数据传输中至关重要的组成部分，在局域网通信中发挥关键作用。当前常用的以太网帧格式主要分为 Ethernet－Ⅱ帧格式和 IEEE 802.3 帧格式，两者在具体的字段设计上具有显著区别，但都为以太网技术的广泛应用提供了灵活性和高效性。

Ethernet－Ⅱ帧格式是早期版本的修订产物，其结构简单明了，具备较强的协议支持能力。在该帧格式中，目的地址（DMAC）和源地址（SMAC）字段分别用于标识帧的接收者和发送者，确保了数据能够在网络中正确路由。帧中的类型字段（Type）特别关键，它标识数据字段中包含的高层协议，这为局域网内多协议并存提供了必要的支持机制。此外，数据字段确保了传输信息的有效性，其最小长度设置为 46 字节，最大长度为 1 500 字节。循环冗余校验（CRC）字段则提供了一种有效的错误检测机制，保障了数据的传输完整性。

IEEE 802.3 帧格式是在 Ethernet_Ⅱ 帧的基础上进一步发展而来，主要区别在于其类型字段被长度字段取代，以定义数据字段的字节数。该帧格式中还引入了逻辑链路控制（LLC）和子网络访问协议（SNAP）字段，以进一步规范数据的传输和访问方式。与 Ethernet_Ⅱ 帧格式相比，IEEE 802.3 帧格式更具层次化管理的能力，为数据链路层的扩展应用提供了更多可能。

这两种帧格式虽然在某些细节上存在差异，但其共同的设计目标是确保高效的网络数据传输，并且在多协议支持、数据完整性保障和灵活性等方面都表现出卓越的性能。

（三）以太网的标准

以太网标准是现代网络通信技术的核心组成部分，其发展历程体现了网络传输速率、介质选择和访问控制方法的逐步演变。最早的以太网标准基于 CSMA/CD 技术，用于在共享介质上实现半双工通信。该标准最初支持 10 Mb/s 的传输速率，定义了狭义以太网的通信方式，并广泛应用于早期局域网的设计中。

随着通信技术的进步，以太网标准逐步扩展至广义以太网，覆盖了更高传输速率和更复杂的物理介质。IEEE 802.3 系列标准定义了多个不同速率的以太网，包括 100 Mb/s 的快速以太网、1 Gb/s 的千兆以太网和 10 Gb/s 的万兆以太网。特别是在万兆以太网中，CSMA/CD 技术被完全移除，通信方式全面转向全双工模式，提高了网络的吞吐量和效率。

以太网标准还规定了不同的传输介质及其相应的技术特性。标准中的传输介质包括粗同轴电缆、细同轴电缆、双绞线、光纤等多种选择，以满足不同网络环境中的需求。针对不同速率，标准定义了不同的编码方式和调制方式，确保信号在不同物理介质上的高效传输。例如，较高速率的千兆和万兆以太网采用了更加复杂的编码技术，如 8 B/10 B 和 64 B/66 B 编码，以优化数据传输的可靠性和速度。

整体来看，以太网标准通过不断扩展和改进，涵盖了从 10 Mb/s 到 100 Gb/s 的各种传输速率，并在物理层和数据链路层之间建立了明确的接口与协议。通过这种标准化设计，以太网不仅能够适应不断变化的网络需求，还确保了其在全球范围内的广泛兼容性与可扩展性，成为现代网络基础设施的重要技术规范。

（四）共享式以太网

共享式以太网的设计基于设备间对有限信道资源的共享，所有连接的设备共用同一传输介质，通常为同轴电缆或集线器。在此种架构下，每个时刻仅允许一台设备发送数据，其余设备处于监听状态。这种数据传输模式使所有设备共享同一信道带宽，导致了网络冲突的潜在风险。

集线器在共享式以太网中起到关键作用。其功能是将从一个端口接收到的比特流广播至其他所有端口，使整个网络设备处于同一冲突域之中。当两个或多个设备试图同时发送数据时，数据传输便会发生冲突。这种情况下，网络中的设备通过 CSMA/CD（载波侦听多路访问/碰撞检测）机制来管理数据冲突的处理。设备在发送数据前会先侦听网络，确保信道空闲，然后发送数据；发送过程中，设备持续监听是否发生冲突。一旦检测到冲突，设备立即停止传输，并在随机退避时间后重新尝试发送。

虽然共享式以太网通过此类机制来减少冲突的发生，但在高流量环境下，其结构性缺陷依然明显。由于所有设备共享带宽，冲突率增加，影响了网络性能。随着连接设备数量的增加，冲突频率更高，且网络的广播风暴及缺乏安全性等问题也变得不可忽视。共享式以太网的设计虽然曾在早期网络中广泛应用，但其性能瓶颈促使后续网络技术向更先进的交换式以太网过渡，以减少冲突域，提升网络效率和安全性。

（五）交换式以太网

交换式以太网的引入有效提升了局域网的性能和可靠性，其核心特征在于通过交换机的多端口设计，将网络划分为多个独立的冲突域，从而显著减少了网络冲突的可能性。相比于共享式以太网的设计，交换式以太网的性能提升体现在带宽的独享以及全双工通信的实现，使得多个设备能够在同一时间进行数据传输，而不会发生冲突。这种独占的带宽分配提高了数据传输的效率，并优化了网络资源的利用。

在交换式以太网的架构中，交换机起到了关键作用。其主要功能包括地址学习、转发与过滤，以及环路避免。交换机通过 MAC 地址表维护设备与端口的对应关系，从而实现高效的数据转发和管理。交换机通过对数据帧的分析，依据帧的目的 MAC 地址决定是否进行转发或丢弃，保证了网络的高效运行。此外，交换机的洪泛功能可以在目的 MAC 地址无法找到时，将数据帧向其他端口广播，确保通信的完成。

交换式以太网具有高度的可扩展性和灵活性。由于每个端口可以配置不同的速率，交换式网络能够连接不同速率的设备，满足多样化的需求。无论是在局域网、小型企业网还是大规模的城域网中，交换式以太网都能够根据具体需求扩展网络规模，同时不会因带宽限制影响网络性能。其灵活的端口配置和自适应速率使得网络能够与不同类型的设备兼容，确保了网络架构的广泛适用性。

交换式以太网还支持虚拟局域网的构建，利用网络管理功能将网络站点划分为多个逻辑工作组，从而有效调整网络负载分布，进一步提高网络带宽利用率。这种虚拟化的实现不仅增加了网络管理的灵活性，还增强了网络的安全性和效率。在实际应用中，交换式以太网的兼容性使其能够与传统以太网无缝衔接，进一步提升了网络的可操作性和适应性。

（六）无线局域网的体系结构

无线局域网（WLAN）的体系结构基于 IEEE 802.11 标准，通过多层次的分工实现高效的数据传输和网络管理。在数据链路层，无线局域网采用 MAC 子层和 MAC 管理子层。MAC 子层的核心任务是实现访问控制，并对数据包进行处理。MAC 管理子层则侧重于网络管理的相关功能，包括漫游、电源管理和站点之间的关联管理。物理层分为物理汇聚协议（PLCP）、物理介质相关子层（PMD）和 PHY 管理子层，分别承担载波侦听、信号的传输调制、编码以及信道选择等任务。站管理功能作为桥梁，协调物理层与 MAC 层之间的交互作用。

在 MAC 子层的运作中，CSMA/CA（载波监听多路访问/冲突避免）协议是无线局域网的主要访问控制机制。与有线网络的 CSMA/CD 协议不同，CSMA/CA 通过冲突避免机制解决了无线网络中冲突检测的难题，例如隐蔽终端问题。通过定义帧间隔（IFS）时间及使用随机后退计数器，网络中的各个站点可以公平地竞争发送数据的时机。这个机制确保了各站点按序竞争，避免了过多冲突，维持了数据传输的公平性和高效性。

此外，MAC 层引入了分布式协调功能（DCF）和点协调功能（PCF）。DCF 是无线局域网中数据传输的基本机制，作用于竞争期，通过 CSMA/CA 协议进行介质竞争。而 PCF 则在非竞争期发挥作用，由它控制数据传输。通过交替使用 DCF 和 PCF，网络可以有效地在不同优先级需求的任务间进行切换。

MAC 管理子层的功能则包括站点之间的漫游、安全管理和电源管理。无线局域网的开放性使得信息的同步、移动性和安全性成为关键问题。通过 MAC 管理子层的相关机制，网络得以实现对这些问题的有效解决，从而保障无线局域网的稳定和安全运行。

二、生成树协议 STP

生成树协议（STP）的产生是为了解决二层网络中由于冗余链路带来的环路问题。在网络架构中，冗余链路的引入旨在提升网络的可靠性，防止单点故障导致网络中断。然而，这些冗余链路会导致网络中形成物理环路，从而引发一系列网络故障，包括广播风暴、重复帧的产生以及 MAC 地址表的不稳定等。为了解决这些问题，生成树协议被设计用于有效管理冗余链路。

在二层网络中，广播风暴是物理环路的直接结果。当网络中的交换机接收到广播数据帧时，通常会执行洪泛操作，将数据帧从所有端口转发出去。如果网络中存在环路，广播数据帧会在不同的路径上循环传输，导致交换机持续接收到同一数据帧，并反复洪泛。随着重复的广播帧不断累积，网络带宽被大量消耗，设备处理能力受到极大影响，可能导致网络瘫痪。生成树协议的核心作用在于通过阻塞某些冗余链路，避免形成环路，防止广播风暴的发生。

除了广播风暴，环路还会导致重复帧的产生。交换机在 MAC 地址未知的情况下，会将单播帧进行洪泛处理。如果环路存在，交换机会不断接收到同一个数据帧，并多次转发，最终导致同一数据帧多次到达目标主机。这种现象可能导致应用层协议产生错误，从而影响网络应用的稳定性。生成树协议通过智能选择活跃的链路和阻塞冗余路径，确保每个单播帧只通过唯一路径传输，避免重复帧的出现。

环路问题还会引发 MAC 地址表的不稳定，交换机通过学习帧的源 MAC 地址并将其与相应的端口关联，以此构建 MAC 地址表。然而，在环路环境中，交换机会错误地将同一 MAC 地址与不同的端口关联，导致 MAC 地址表出现漂移，交换机对网络设备的实际位置产生错误的判断。生成树协议的作用是确保在任意时刻网络中的数据帧只通过一条路径传输，从而避免 MAC 地址的漂移和网络的混乱。

生成树协议通过逻辑阻断冗余链路，确保网络中不存在环路，但这些冗余链路并没有被物理删除。一旦主链路发生故障，生成树协议能够自动启用之前被阻断的冗余链路，保证网络的持续运行和可靠性。因此，生成树协议不仅消除了环路带来的负面影响，还通过冗余链路的智能管理提升了网络的可靠性和稳定性。

（一）STP 的基本原理

生成树协议的基本原理在于通过自动发现冗余网络中的环路并进行优化，从而确保整个网络拓扑无环并具有最佳链路。STP 的工作机制基于桥接协议数据单元（BPDU）的交互传递，该协议为网络中的每一个桥接设备提供了必要的条件，以便执行生成树的计算过程。最终，STP 通过阻塞冗余链路并保留最佳路径，确保网络中无环路，同时保证所有网络节点的可达性。

选举出根网桥，这是生成树结构中的核心设备。根网桥的选举基于网桥 ID 的比较，该 ID 由网桥的优先级和 MAC 地址组成，网桥 ID 值较小的设备将被选为根网桥。在整个网络中，只有一个根网桥起到核心控制作用。接下来，在每个非根网桥中，会通过计算路径成本选举出根端口，即到达根网桥路径最优的端口。此端口负责转发数据至根网桥，确保数据的高效传递。同时，每一个网络段上都会选举出一个指定端口，该端口负责将数据转发至根网桥。指定端口与根端口的选举规则相似，均通过比较路径成本及其他相关参数来决定。根网桥上的所有端口都被视为指定端口，从而保证根网桥的全面连接性和数据转发能力。

对于那些既非根端口也非指定端口的网络设备，其相关端口会被阻塞，不能参与数据的转发。这种阻塞机制有效地避免了冗余路径带来的环路问题，使得网络保持稳定和高效的运行状态。在网络拓扑初次建立时，所有设备会根据收到的 BPDU 信息，计算并确定其根端口和指定端口，并在此基础上建立生成树结构。通过周期性的 BPDU 交换，STP 还能够适应网络拓扑的变化，并在网络发生变化时重新计算生成树，确保网络的持续可用性和稳定性。

此外，为提高生成树协议的收敛速度，IEEE 引入了快速生成树协议（RSTP），该协议在原有 STP 的基础上进行了优化，通过加速网络设备间的信息交互，使生成树的收敛时间大大缩短。RSTP 的引入不仅提高了网络的动态适应能力，还增强了网络的可用性，进一步保证了网络数据传输的稳定性和可靠性。

（二）STP 端口状态

在生成树协议中，端口状态的定义是确保网络中的环路被有效消除，网络传输保持稳定的重要机制。STP 定义了五种端口状态，每种状态具有不同的功能和角色，目的是为生成树的计算和路径选择提供灵活性。各端口状态之间的迁移是依据生成树算法的计算结果和网络环境的变化而进行的，以确保数据帧在网络中的传输不形成环路。

第一，Disabled 状态，是指端口未被启用的情况。在这种状态下，端口既不转发数据帧，也不参与生成树的计算和 MAC 地址表的学习，处于完全停用的状态。这一状态通常被用来指示端口物理上的不可用性。

第二，Listening 状态，是 STP 端口激活后的初始状态。在此状态下，端口不会转发任何数据帧，也不进行 MAC 地址表的学习，但它会接收并发送生成树协议的 BPDU（桥协议数据单元），参与生成树的计算。这一阶段主要是为了确保在网络中不存在临时环路，因此 Listening 状态为生成树的计算提供了基础条件。此状态是生成树算法的重要步骤，决定了端口的角色分配。

第三，Blocking 状态，用于阻止端口在冗余路径中参与数据帧的传输。处于 Blocking 状态的端口同样不会转发数据帧或学习 MAC 地址表，它的唯一功能是接收和处理 BPDU。这一状态确保了网络中的环路不会对数据传输造成影响，阻止冗余链路的使用，而不影响生成树的整体计算。Blocking 状态的作用在于保持冗余路径在逻辑上的隔离，确保网络的稳定性。

第四，Learning 状态，是端口在 Listening 状态后的过渡状态。在 Learning 状态下，端口虽然依旧不转发数据帧，但已经开始学习 MAC 地址表。这一阶段同样参与生成树的计算，继续接收和发送 BPDU，为后续的 Forwarding 状态做准备。通过学习 MAC 地址表，交换机能够对网络中的设备位置有更精确的掌握，从而为数据帧的有效转发奠定基础。

第五，Forwarding 状态，是端口的最终状态，也是端口正常运行时的状态。在此状态下，端口可以转发数据帧、学习 MAC 地址表，并持续参与生成树的计算。只有被选为根端口或指定端口的端口才会进入 Forwarding 状态，确保数据帧的传输路径是唯一的、无环的。Forwarding 状态下的端口是网络中数据流的核心，负责确保网络的高效和稳定运行。

这些端口状态之间的转换依赖于生成树协议的计算结果，并遵循特定的规则。例如，当一个端口首次启用时，先进入 Listening 状态，参与生成树的计算，随后根据计算结果，决定是否进入 Blocking 状态，或者通过 Learning 状态进入最终的 Forwarding 状态。这一过程确保了端口在正式转发数据之前已经准确地确定了其网络角色，避免了环路的形成。当端口被禁用时，则进入 Disabled 状态，完全停止其在网络中的活动。

三、以太网端口技术

（一）端口自协商技术

端口自协商技术是以太网技术演进过程中为解决不同速率设备之间兼容性问题而引入的重要机制。随着以太网速率的提升，特别是从 10 Mb/s 向 100 Mb/s 的过渡，网络中出现了多种工作模式。这一技术的核心在于使网络设备能够动态地交换各自所支持的工作模式信息，从而实现自动配置，确保最佳的连接性能。

自协商功能通过物理层芯片的设计实现，且不依赖于特定的数据报文或高层协议的开销。这种机制采用修改后的连接整合性测试脉冲，封装协商信息。每个网络设备在上电、接收管理命令或用户指令时，都会主动发出一系列快速连接脉冲，这些脉冲包含了时钟/数字序列，从中提取的信息能够反映出对端设备支持的工作模式及其他协商参数。

在自协商过程中，当双方设备均支持多种工作模式时，系统会根据预设的优先级方案来确定最终的工作模式。这一优先级方案通常遵循速度和双工模式的优先级原则，具体来说，100 Mb/s 的速率优于 10 Mb/s，双工模式优于半双工模式。这一机制不仅提高了网络的灵活性和适应性，还确保了在多种不同环境下的最佳连接质量。

值得注意的是，光纤以太网不支持自协商技术。在光纤连接中，链路两端的工作模式必须手动配置，包括速度、双工模式及流控等参数。若光纤两端的配置不一致，通信将无法正常进行。因此，在实际应用中，为了避免潜在的配置错误和通信问题，手动配置依然是确保光纤以太网稳定运行的有效策略。

（二）端口聚合技术

端口聚合技术，又称为端口捆绑或链路聚合，旨在通过将多条物理链路结合为一条逻辑链路，从而实现带宽的显著增加与网络性能的提升。这种技术的核心在于将两台交换机间的平行物理链路捆绑为一个更高带宽的逻辑连接，使得上层协议能够将多个物理链路视为一个统一的传输通道。端口聚合技术不仅提升了网络的带宽，而且通过多路径传输增强了链路的可靠性和容错能力。

首先，端口聚合能够有效地增加网络的整体带宽。当网络流量达到单条链路的处理上限时，采用聚合技术可将多条物理链路的带宽合并，从而消除瓶颈问题。例如，四条 100 Mb/s 的链路通过聚合后可被视为一条双向带宽达 800 Mb/s 的逻辑链路。这种方法不仅提升了数据传输速率，也使得网络在处理高流量时能够保持高效运转。

其次，端口聚合显著提高了链路的可靠性。通过实时监控聚合组内各个端口的状态，该技术能够实现动态备份。如果某一端口发生故障，系统能够迅速切换数据流至其他可用端口，确保网络连接的持续性与稳定性。这种冗余机制使得网络具备了较高的容错能力，减少了因链路故障导致的服务中断风险。

此外，端口聚合技术还实现了流量的负载分担。系统依据特定算法将数据流均匀分配到各个成员端口，优化了带宽利用率。在二层和三层数据流中，分别依据 MAC 地址和 IP 地址进行流量的智能分配，使得网络流量能够更加高效地通过聚合链路传输，从而提升了整体性能。

然而，成功实施端口聚合的前提条件在于两端设备的配置参数需保持一致。这包括物理参数（如聚合链路数量、速率及双工模式）和逻辑参数（如生成树协议配置、QoS 设置以及 VLAN 配置等）。这种一致性确保了聚合链路的顺利运行与高效管理。

实现端口聚合的方式主要包括手工负载分担模式、静态链路聚合控制协议（LACP）模式以及动态 LACP 模式。在手工模式下，设备间无须启动聚合协议，而在静态 LACP 模式下，设备通过 LACP 协议进行参数协商和活动端口的确定，提升了容错性。动态 LACP 模式则通过自动协商完成聚合，尽管便于用户操作，但其灵活性可能导致管理上的不便。

四、虚拟局域网 VLAN

虚拟局域网（VLAN）是一种通过逻辑而非物理方式将局域网内的设备划分为多个网段的技术。这种划分实现了虚拟工作组的创建，允许在同一物理局域网中存在多个逻辑广播域。每个 VLAN 内的主机可以直接通信，而不同 VLAN 之间则无法互通，从而有效限制了广播报文的传播，提高了网络的安全性。

VLAN 的实现基于 IEEE 802.1Q 协议，该协议于 1999 年发布，以标准化 VLAN 的应用方案。通过在以太网帧中增加 VLAN 头和 VLAN ID，用户可以被划分为更小的工作组，形成多个具有相似需求的计算机集合。此种逻辑划分使得同一 VLAN 内的设备不必位于同一物理位置，增强了网络的灵活性和适应性。VLAN 内部的广播和单播流量被限制在各自的域内，进而控制流量，降低设备投资，简化网络管理，提高安全性。

VLAN 技术具备多个显著特点：首先，通过区段化，VLAN 能够将一个广播域分隔成多个独立的广播域，这一过程减少了每个区域内的主机数量，进而提升了整体网络性能。其次，VLAN 提供了极大的灵活性，其配置过程相对简单，成员的添加、移除及修改通常只需在交换机上进行，无须物理改动网络结构或布线系统。最后，安全性方面，通过 VLAN 的划分，不同 VLAN 之间的通信必须经过三层设备进行控制，管理者可以在三层设备上配置访问控制列表（ACL），从而确保不同 VLAN 间的通信在受控条件下进行。这一机制显著增强了网络的安全性，相比于未划分 VLAN 的网络，提供了更为严密的防护。

（一）VLAN 的划分方式

虚拟局域网的划分方式多种多样，各自具有独有的特征和适用场景。VLAN 的划分不仅提升了网络的灵活性，还增强了安全性和管理效率。以下将详细探讨主要的 VLAN 划分方式：

第一，基于端口的 VLAN 划分是最为常见的一种方式。这种方法通过将交换机的物理端口分配给特定的 VLAN，实现成员之间的逻辑隔离。在这一模式下，所有被配置的端口共享同一广播域，允许在同一 VLAN 内的设备进行直接通信，而不同 VLAN 之间则无法直接通信。这种基于端口的划分方式配置简单，易于实施，然而在未加以保护的情况下，用户可通过更改物理连接的端口来影响其 VLAN 归属，这在一定程度上降低了网络的安全性。

第二，基于 MAC 地址的 VLAN 划分方法允许根据设备的 MAC 地址动态分配 VLAN。此种方式的最大优势在于用户无论在何处物理连接网络，其 VLAN 设置均不需要重新配置，从而为用户提供了更大的灵活性。然而，该方法的管理负担较重，因初始化时需要掌握所有的 MAC 地址，且在更换网卡时需要重新配置 VLAN。

第三,基于 IP 地址的 VLAN 划分方式通过分析网络流量中的 IP 地址来确定 VLAN 归属。这种方法在一定程度上减轻了网络管理的复杂性,且在用户分布相对有规律的情况下非常有效。然而,该方式要求用户在同一 IP 网段内分布,因此在多用户环境中可能受到限制。

第四,基于协议的 VLAN 划分方式则依赖于数据包的协议类型进行划分。网络管理员需配置以太网帧中的协议域与 VLAN 的映射关系。此方法适合于需要基于特定协议进行流量管理的场景,增强了网络的灵活性和针对性。

第五,基于策略的 VLAN 划分方式通过结合 MAC 地址、IP 地址和端口的组合策略进行 VLAN 分配。这种方式强调了对终端设备的严格控制,只有符合条件的设备才能加入指定 VLAN,并且对设备的 IP 地址和 MAC 地址的修改设定了严格限制,以保障网络的安全性。这种方式虽然在安全性上表现优异,但其实施过程通常需要较为复杂的手工配置。

（二）VLAN 的技术原理

虚拟局域网技术通过在待转发的以太网帧中添加 VLAN 标签,旨在实现精细化的转发控制。交换机根据端口对该标签和帧的处理方式进行配置,主要包括丢弃帧、转发帧、添加标签及移除标签等操作。具体而言,交换机在转发以太网帧时,需检查帧中携带的 VLAN 标签,以判断其是否符合该端口的允许标签配置。这一机制确保了网络流量的合理管理和安全控制。

根据 IEEE 802.1Q 标准,Ethernet 帧格式被修改,在源 MAC 地址字段与协议类型字段之间增加了 4 字节的 IEEE 802.1Q 标签（Tag）。该标签包含四个关键字段,分别为类型、优先级、规范格式指示符（CFI）和 VLAN ID（VID）。类型字段指明帧类型,其值为 0x8100 时表明为 IEEE 802.1Q 标签帧,若不支持该标准的设备接收到此帧,则会将其丢弃。优先级字段用于指示帧的优先级,其取值范围为 0 至 7,数值越高表示优先级越高,适用于网络拥塞时的数据帧调度。规范格式指示符用于标识 MAC 地址格式,以区分不同类型的帧格式。在以太网环境中，CFI 的值通常为 0。

VLAN ID 字段长度为 12 位，表示帧所属的 VLAN，取值范围从 0 到 4 095，其中 0 和 4 095 为保留值。初始配置下，所有端口均包含在默认 VLAN 中。采用 VLAN 标签后，在交换网络中形成两种帧格式：不带有 VLAN 标签的帧和带有 VLAN 标签的帧。在转发过程中，标签操作可分为添加标签和移除标签。添加标签的操作通常在端口收到来自对端设备的帧时执行，默认 VLAN 号（PVID）将被添加至未标记帧中。移除标签则是将帧中的 VLAN 信息删除，以未标记帧的形式发送至对端设备。

（三）VLAN 的端口类型

虚拟局域网技术中，端口类型的分类对于网络的高效管理和数据帧的处理至关重要。不同类型的端口在接收和发送数据帧时，其行为和处理方式存在显著差异，主要包括接入端口（Access 端口）、干线端口（Trunk 端口）及混合端口（Hybrid 端口）。

第一，接入端口。接入端口主要用于连接终端设备，负责处理未标记（Untagged）的数据帧。该端口在接收到不带 VLAN 标签的报文时，依据其配置的默认 VLAN ID（PVID）为该报文添加标签。在接收带有 VLAN 标签的报文时，仅当标签的 VLAN ID 与 PVID 一致时，报文才会被接收，否则将被丢弃。此外，接入端口在向外发送数据帧时，总是以未标记的形式进行发送。这种端口的设计简化了终端设备与网络的连接，通常用于用户计算机、打印机等终端设备。

第二，干线端口。干线端口则主要用于交换机间的连接，支持多个 VLAN 的标签报文传递。该端口能够接收未标记报文，并根据其配置的默认 VLAN ID 为这些报文添加标签。干线端口的一个关键特性在于其能够传递多个 VLAN 的流量，使得不同 VLAN 间的数据能够跨越交换机进行交流。这一能力为大规模网络提供了必要的灵活性和扩展性。

第三，混合端口。混合端口结合了接入端口和干线端口的特点，既能处理未标记的报文，也能接收和发送带标签的报文。混合端口的灵活性使其适用于多种网络环境，尤其是在上行设备不支持 VLAN 时，可以通过此端口实现用户端口之间的隔离。在接收和发送报文时，混合端口能够根据配置决定是否携带 VLAN 标签，从而提供更为精细的流量控制。

通过区分接入链路和干线链路，VLAN 能够高效地管理网络资源。接入链路专用于终端设备与交换机之间的连接，通常仅限于特定 VLAN；而干线链路则使得不同 VLAN 的数据能够跨越多个交换机进行传输，增强了网络的可扩展性和灵活性。接入端口只能连接接入链路，而干线端口专用于连接干线链路，混合端口则具备连接两者的能力。这种多样化的端口设计为现代网络架构提供了坚实的基础，确保了高效、灵活及安全的数据传输。

第四章 现代通信网与业务终端技术

随着技术的迅猛发展，通信网络不仅需要高效的传输能力，还需灵活的架构与可靠的支撑技术，以确保数据的快速、稳定传递，终端技术则是用户与网络之间的桥梁，直接影响着信息的获取与交流方式。通过对现代通信网核心组成、支撑技术与终端技术的深入分析，可以更好地理解其在全球信息流动中的关键作用与未来发展趋势。

第一节 现代通信网的核心组成

一、信源

信源指的是所有能够生成、传递各种形式信息的实体或设备。在现代信息科学中，信源具有重要的功能，它决定了信息传递的起点及其本质。信源不仅限于个体或团体的言语、文字、符号等表达方式，随着技术的发展，它的范畴已扩展到机械设备、传感器、计算机系统等能够生成数据和信息的装置。信源可以提供语音、图像、文字、数据等各种类型的信息，这些信息构成了复杂的通信系统的基础。

从信息论的角度来看，信源是通信过程的起点，其信息通过信道传递到接收端。信源的信息输出决定了系统中的输入量，影响了整个信息传递系统的效率与质量。信源生成的信息通常带有一定的结构性和随机性，结构性信息部分是已知或可预测的，而随机性信息部分则是不可预测的，因此信源的复杂性直接影响到通信系统的设计和优化。

信源的分类多种多样，依据不同标准可以有不同的划分。按信息的性质划分，可以分为离散信源和连续信源。离散信源产生有限数目的信息符号，这类信源广泛应用于数字通信系统；连续信源则产生在连续时间和幅度范围内的信号，这类信源在模拟通信系统中有重要应用。按信息的生成方式，信源可以分为有源信源和无源信源。有源信源主动产生和发出信息；无源信源则被动地响应外界输入，从而产生输出信息。通过对信源的分类和特性研究，可以有效指导通信系统的选择与设计，以达到最优的传输效果。

信源在通信系统中的作用不止于信息的产生，更关系到信息的编码和压缩过程。为了确保信息能够高效地在信道中传输，必须对信源生成的信息进行编码和优化。编码技术的选择直接影响着通信的带宽效率和抗干扰能力。在数字通信中，离散信源的信息可以通过编码转换为比特流，并通过数字信道传输。这种信息编码不仅要考虑带宽的有效利用，还要考虑误差的修正能力。对于连续信源，通常需要经过采样和量化处理，将其转换为离散的数字信号，再进行相应的编码。信源的多样性决定了编码技术的多样化，针对不同信源特性的编码技术，可以极大提高通信系统的性能。

二、信道

信道是信息传输过程中不可或缺的媒介，作为信号从发送端到接收端的通道，信道的特性直接影响信息传输的质量和效率。在通信系统的设计和实现过程中，信道的选择、优化与管理是确保信息能够准确、及时传递的核心环节。信道优化的目标在于提高信号传输的效率和质量，这通常通过采用多种技术手段来实现。例如，在信道编码方面，系统可以采用纠错码和调制技术，增强信号的抗噪能力和抵御衰减的性能。此外，信道均衡技术可以用于修正信号在传输过程中产生的失真，从而提升信号的恢复能力。信道优化还包括对信道的选择性使用和资源分配，例如在无线通信中，系统可以根据环境条件动态选择合适的频段或信道，以提高传输质量。信道的管理和优化不仅是提升系统性能的必要手段，亦是在复杂环境下确保通信稳定性的核心因素。信道的基本功能是将信源发出的信号通过物理介质或空间环境传递到接收端，但由于各种因素的影响，信道会对信号产生一定的衰减、失真或噪声干扰，因此，深入理解和探讨信道的本质特性及其在不同通信环境中的表现具有重要的学术和实践意义。

三、信宿

信宿是通信系统中的关键组成部分，其主要功能是接收并解码信道上传输的信号，最终还原为信息接收者能够理解的形式。信宿的设计和功能涉及信息接收、解码、处理及应用等多个层面，其性能直接影响通信系统的整体效能和信息传递的可靠性。

从通信架构的角度来看，信宿可以分为不同的类别，主要取决于其与信源之间的关系。在一对一通信模式中，信宿与信源相对应，通常是人对人或机对机的直接通信，这种模式下，信宿接收从信源传来的信号，进行解码并还原信息，以便进行进一步处理或响应。在这种场景中，信宿的主要任务是确保信号的准确解码和有效理解，以实现信息的准确传递。信宿的性能不仅取决于其自身的解码能力，还受到信号质量、信道特性以及外界干扰等因素的影响。

信宿与信源不一致的通信模式也同样重要，这种模式包括人对机、机对人以及机对机的通信。在人对机的场景中，人类用户通过某种接口或终端设备向机器输入指令或信息，而机器则负责处理这些信息并执行相应的操作，这种模式下，信宿的设计需要兼顾用户体验和操作便利性，确保信息能够准确无误地传递给系统，并且系统能够按照预期反馈结果；在机对人的场景中，机器向人类用户提供信息或反馈，例如通过显示屏、音频输出等方式，在这种情况下，信宿需要具备良好的信息呈现能力，使得用户能够清晰地理解机器所传达的信息；在机对机的通信中，信宿通常是自动化系统或设备之间的信息交换环节，这种模式要求信宿具备高效的处理能力，以确保机器能够快速、准确地处理接收到的信息，并执行相应操作。

信宿的设计和实现涉及多个技术层面，包括信息解码、信号处理、错误检测与纠正等。信息解码的任务是将接收到的信号转换回原始信息，这一过程通常需要依赖于先进的解码算法和技术，以确保信息能够准确还原；信号处理技术包括信号的过滤、放大和噪声抑制等操作，这些操作旨在提高信号的质量，减少传输过程中的损失和干扰，从而提升信息的准确性和可靠性；错误检测与纠正技术能够通过检测和修正传输过程中的错误，进一步提高信息传递的可靠性，这些技术通常涉及编码理论、误码校正算法等专业领域的知识，确保信息能够在噪声和干扰的环境中保持高水平的准确性。

四、噪声源

噪声作为系统性能的重要限制因素，会使得系统信号失真和信噪比下降，进而影响通信质量[①]。噪声源在通信系统中是指系统内各种干扰因素的等效结果，噪声源的存在是通信系统中不可避免的一部分，其来源广泛且复杂，包括系统的发射端和接收端、信道以及周围的环境等多个方面。

在通信系统的发射端，噪声源通常包括发射设备中的电子器件本身产生的噪声。例如，放大器、振荡器和其他电子组件在工作过程中会产生热噪声、

相位噪声和频率噪声等。这些噪声会在信号发射过程中叠加到原始信号上，从而影响信号的质量和清晰度。此外，发射端周围的环境因素也可能对信号产生噪声影响，例如电磁干扰、机械振动等，这些因素会对发射设备的性能产生干扰，从而影响信号的传输质量。

在接收端，噪声源的存在同样不可忽视。接收设备中的电子器件，例如接收器、解调器和滤波器，也会产生各种噪声，如热噪声和射频噪声。这些噪声在接收信号的过程中与信号叠加，从而降低了接收信号的信噪比。此外，接收端还会受到外部干扰的影响，例如电磁辐射、射频干扰等，这些干扰源会对接收信号造成噪声影响，进一步降低通信系统的性能。

信道的噪声源包括信号在传输过程中遭遇的衰减、多径效应、衍射和散射等。这些效应会导致信号的失真和噪声的叠加，从而影响信号的完整性和质量。在无线通信中，信号在传播过程中容易受到环境因素的影响，例如天气变化、地形特征等，这些因素都会对信号产生噪声影响。在有线通信中，信号在传输过程中也会遭遇线路上的噪声干扰。

噪声源的分析和控制对于提高通信系统的性能和可靠性至关重要。在实际应用中，工程师需要结合系统的具体需求和应用环境，制定针对性的噪声控制策略。例如，在高频通信系统中，可能需要重点关注射频噪声和辐射干扰；在低频通信系统中，则需要关注热噪声和设备内部噪声。通过综合考虑这些因素，能够实现对噪声源的有效管理和控制，从而提高通信系统的总体性能。

五、变换器

变换器的工作原理与通信系统的整体架构密切相关。变换器在信号传递中的作用体现在它能够适应信道的传输特性。信道通常具有带宽限制、噪声干扰等不利条件，因此直接传递信源生成的原始信息信号可能会面临诸多问题。通过变换器，将信息信号调制为适合信道传输的形式，不仅可以增强信号的抗干扰能力，还能提高信道资源的利用率。这一过程中，变换器往往涉及信号的编码、调制、复用等处理步骤，确保信号能够以最低的误码率在信道中传输。

信源类型的多样性决定了变换器功能的复杂性。对于模拟信源，变换器通常需要执行模数转换，将连续的模拟信号转换为离散的数字信号，以便在数字通信系统中传输。模数转换是实现信号数字化的关键环节，其过程包括采样、量化、编码等步骤。采样的目的是将连续信号在时间上进行离散化，而量化则将离散的信号幅度进行离散化，使其能够以数字形式表示。编码则进一步将离散化的信号转化为二进制序列，使其能够适应数字信道的传输要求。对于数字信源，变换器的作用更多体现在信号的编码和调制上，通过对信号的压缩和优化处理，确保信息能够以最低的资源消耗在信道中传输。

在信号传输过程中，变换器的作用不仅限于信号形式的转换，还包括信号特性的优化。通过适当的调制方式，变换器可以有效利用信道的带宽资源，最大限度地提高传输效率。调制技术能够通过将信号的频率、幅度或相位进行调整，使其适应不同信道的传输要求，同时增强信号的抗干扰能力。在多路复用技术的支持下，变换器还能够实现多个信号的合并传输，有效提高通信系统的容量。随着通信技术的不断发展，变换器在信号处理的各个环节中都发挥着愈加重要的作用，尤其在复杂多样的现代通信环境下，变换器的功能日趋多元化和智能化。

现代通信系统对变换器提出了更高的要求，特别是在高数据速率、低延迟和高可靠性的场景中。为了适应不同通信系统的需求，变换器的设计需要具备高度的灵活性和适应性。例如，在无线通信系统中，变换器不仅要能够应对信道带来的频率选择性衰落和多径干扰问题，还需实现信号的自适应调制和解调功能，确保在不同信道条件下都能够实现最优的传输效果。变换器通过自适应信号处理技术，可以根据信道的状态动态调整信号的调制方式、编码率等参数，从而优化传输性能。

六、反变换器

反变换器的工作机制依赖于与变换器相对应的信号处理流程。在信源发出的信息经过变换器的处理后，变换为适合在信道中传输的信号形式，如模拟信号转为数字信号或低频信号转为高频信号。在信号通过信道传播的过程中，可能会受到诸如信号衰减、噪声干扰、多径效应等因素的影响，这些都会导致信号的失真或信息丢失。反变换器的任务就是通过一系列反向操作，将接收到的信号还原为原始的信息形式，并尽可能修正和补偿传输过程中产生的误差，以确保信息的完整性。

根据通信系统的不同类型和应用场景，反变换器的具体设计和实现也会有所不同。在模拟通信系统中，反变换器需要对接收到的模拟信号进行滤波、放大、解调等操作，去除噪声和干扰，并将信号转换回可理解的音频或视频信号。而在数字通信系统中，反变换器则需要完成一系列更加复杂的信号处理步骤，包括模数转换、信号解码、误码校正等操作。通过这些步骤，反变换器能够从接收到的数字信号中提取出原始的比特流，并恢复为接收者能够识别和解读的文本、图像或其他数据形式。

在数字通信系统中，反变换器的性能尤其重要，因为数字信号在传输过程中容易受到误码、丢包等问题的影响。为了提高传输的可靠性，现代通信系统通常采用多种错误检测和纠正技术，如奇偶校验、汉明码、卷积码等。反变换器通过应用这些技术，能够有效检测并修正传输过程中产生的错误，从而提高信息的准确性。这不仅提升了通信系统的抗干扰能力，也为大规模数据传输提供了保障。

反变换器需要与信道的特性紧密结合，以适应不同的信号传输环境。例如，在无线通信中，由于信号在自由空间传播过程中容易受到多径效应、频率选择性衰落等问题的影响,反变换器需要采用多种技术手段来克服这些问题,包括多天线技术、频域均衡、时频变换等,这些技术的应用,能够有效消除信道对信号的干扰,使得接收端能够准确恢复原始信息。在有线通信中,反变换器则需要应对传输线中的损耗和噪声问题,常常需要应用自适应均衡技术来补偿传输过程中信号的损失。

第二节　现代通信网的支撑技术

一、光纤通信技术

光纤通信通过光信号的传输来实现数据的传递,核心原理基于光在光纤中的全反射。光纤由纤芯、包层和涂覆层组成,纤芯是光信号传输的主要媒介,而包层和涂覆层则起到保护纤芯和减少信号损失的作用。光纤通信相较于传统的铜线通信具有以下优势:

第一,光纤通信的带宽更高,能够承载更大数据量的传输,满足了现代信息社会中对于大规模数据传输的需求。光纤的带宽优势在于它可以实现大容量的高速数据传输,尤其是在互联网和云计算等应用中表现得尤为突出。

第二,光纤的信号衰减较低,信号可以在更长的距离内保持稳定,减少了信号中继的次数和成本。铜线通信在远距离传输中容易产生信号损失,而光纤可以避免这种问题,确保数据的完整性和传输效率。

第三,光纤通信具有很强的抗电磁干扰能力,由于光信号不受电磁场的影响,它在工业环境和高电磁干扰区域中具有天然的优势。

从技术角度来看,光纤通信系统主要包括光源、调制器、光纤传输链路和光接收器等关键组件。光源通常为激光器或发光二极管,其作用是将电信号转换为光信号;调制器则负责对光信号进行调制,将传输数据加载到光信号上。光纤传输链路则是光信号传播的介质,它可以分为单模光纤和多模光纤两类，单模光纤适用于远距离传输，多模光纤则适用于较短距离的高带宽传输。光接收器的作用是将光信号转换为电信号，经过解调后，传输的数据被还原成原始信号。

随着通信的高速发展和用户提出的严格要求，光纤通信技术得到开发和应用[1]。在光纤通信的实际应用中，波分复用技术成为提升光纤通信容量的重要手段。通过在一根光纤中同时传输不同波长的光信号，波分复用技术大幅提升了光纤的利用率，实现了多路数据的同时传输。此外，光纤通信技术与光电器件技术的发展紧密相关，光电转换器件和放大器件的创新使得光纤通信系统更加高效和可靠。

二、无线通信技术

无线通信技术已经深刻改变了人类的生活方式、社会经济结构以及各类行业的运作模式。它通过电磁波将信息从发射端传输到接收端，实现了数据、声音、视频等多种信息的远程传输。无线通信的出现不仅打破了传统有线通信的空间限制，还大大提高了通信效率，推动了全球范围内的信息共享和经济协作。

无线通信技术的核心原理包括频分多址、时分多址、码分多址等多种多址接入技术，通过合理分配频谱资源，实现多用户之间的有效通信。同时，调制技术的不断进步也为无线通信提供了更高效的数据传输方式，例如，正交频分复用技术的广泛应用，使得无线通信在有限频谱资源下仍然能够提供高速率的传输服务。

三、卫星通信技术

卫星通信技术是通过人造卫星作为中继站，实现地球上不同地点之间的

---

① 符凌翔，张越. 基于电力通信的光纤通信技术应用分析 [J]. 光源与照明，2023（11）：75.

信息传输的一种通信方式。作为一种现代化的远程通信手段，卫星通信技术具有覆盖范围广、传输距离远、无地理限制等特点，适用于地面通信难以覆盖的偏远地区、海洋以及空中等场景。该技术主要通过卫星将地面发射的信号接收并转发给目标区域的接收站，完成数据、语音、图像等信息的高效传输。

卫星通信技术的发展大致经历了三个阶段：①传统的固定卫星通信，主要用于电视广播、国际长途电话以及数据传输；②移动卫星通信，应用领域扩展到航空、航海、应急救援等领域，提供更加灵活的通信手段；③高速宽带卫星通信的出现，它不仅能够提供大容量的数据传输，还支持全球范围内的互联网接入，推动了全球通信网络的深度融合。

卫星通信系统主要由空间段、地面段和用户段组成。空间段是指在轨运行的人造卫星，地面段包括地面控制站、上行发射站和接收站，用户段则是接入通信网络的终端设备。根据卫星的轨道高度，卫星通信可分为地球同步轨道卫星通信、中轨道卫星通信和低轨道卫星通信。其中，地球同步轨道卫星通信具有固定覆盖区域、信号稳定的优势，适用于电视广播、固定通信等领域；而中轨道卫星通信和低轨道卫星通信由于轨道较低，传输延时较短，更适合需要实时通信的场景，如卫星电话、应急通信等。

卫星通信技术的显著优势是其超越地理限制的能力。在一些地理环境复杂或地面基础设施建设困难的地区，卫星通信可以提供高效、稳定的通信服务，如边远山区、沙漠、海洋等。此外，卫星通信还广泛应用于军事、航空航天等领域。在军事方面，卫星通信可以提供远距离的战术指挥、实时情报传输等服务，提高作战效率；在航空航天领域，卫星通信能够为飞行器提供全球范围内的通信保障，确保飞行安全。

四、网络安全技术

网络安全技术不仅涉及保护网络系统免受未经授权的访问、攻击和破坏，还涵盖了对信息的保密性、完整性和可用性的保障。网络安全技术的基本目标是防护信息资产，确保数据的机密性、完整性和可用性。在此背景下，网络安全技术的发展围绕主要领域展开，包括防火墙技术、加密技术、入侵检测系统、身份认证技术等。这些技术通过不同的方式和层次为信息系统建立起全面的安全防护体系。

（一）防火墙技术

防火墙技术作为网络安全的第一道防线，起到了过滤和控制网络流量的作用。通过监控和限制进出网络的流量，防火墙能够有效阻止外部未经授权的访问，确保网络内部资源的安全性。随着网络攻击手段的日益复杂，防火墙技术也在不断演进，现代防火墙除了具备传统的包过滤功能外，还集成了入侵检测、应用层防护等多项高级功能，为网络安全提供了更加全面的防护。

（二）加密技术

加密技术是保障数据机密性的重要手段，通过加密算法，数据在传输过程中可以转化为不可读的密文，只有拥有正确解密密钥的授权方才能恢复为原始数据。常见的加密技术包括对称加密和非对称加密，其中，对称加密如AES算法因其高效性被广泛应用于大数据传输中，而非对称加密如RSA算法则主要用于密钥交换和数字签名等场景。加密技术不仅保障了数据的机密性，还可以通过数字签名和证书机制，确保数据来源的可信性和完整性，防止数据在传输过程中的篡改和伪造。

（三）入侵检测系统

入侵检测系统是网络安全技术中的重要组成部分。通过对网络流量的实时监控，入侵检测系统能够识别和记录潜在的攻击行为，并及时向网络管理员发出警报,从而阻止攻击进一步扩散。入侵检测技术的不断进步使得系统能够在面对多样化的网络攻击手段时更加精准地识别威胁,尤其是在面对零日攻击和高级持续性威胁时表现出色。

（四）身份认证技术

身份认证技术同样在网络安全中发挥了至关重要的作用。通过用户身份的确认和权限管理,身份认证技术能够有效防止未经授权的访问行为。目前,常见的身份认证方式包括密码认证、生物识别技术（如指纹、面部识别）以及基于多因子认证的安全手段,后者通过结合两种或多种不同认证因素大幅提升了系统的安全性,减少了由于密码泄露导致的安全风险。

五、边缘计算技术

边缘计算是将数据处理和存储的任务从中心化的数据中心转移到网络边缘,更接近数据生成的位置。边缘计算的出现主要是为了应对云计算无法满足的低延时需求和数据隐私问题。在某些实时性要求较高的场景下,如自动驾驶、工业控制、智能制造和物联网设备,边缘计算能够大幅减少数据传输的延迟,提高响应速度,从而满足这些场景对实时性的要求。

边缘计算的一个关键特点是分布式处理,它通过在本地节点（如边缘设备、路由器、基站等）上进行数据处理,减少了将所有数据传输到中心化云端所带来的网络压力。这样不仅可以提高数据处理的效率,还能降低带宽成本。同时,边缘计算在处理敏感数据时也具备优势,因为数据可以在本地处理,减少了数据传输过程中可能发生的隐私泄露风险。

在实际应用中,边缘计算广泛用于物联网领域。例如,智能工厂中的机器设备通过边缘计算实现了实时监控与故障预测;智能城市的交通管理系统可以通过边缘计算分析交通数据,优化信号灯的控制,减少交通拥堵。此外,随着 5G 技术的普及，边缘计算成为了 5G 网络的重要组成部分，通过边缘节点的布设，5G 网络能够提供更高的带宽和更低的延迟，为自动驾驶、增强现实、虚拟现实等应用提供技术支持。

第三节　现代通信业务与终端技术

一、现代通信业务

（一）基础通信业务

1. 音频业务

（1）听觉特性与音频信号。

第一，人的听觉特性。在听觉过程中，声音的频率和强度是影响人耳对声音感知的两个主要因素。人的听觉范围具有明显的频响特性，即在特定的频率范围内，耳朵对声音的敏感度更高，而在低于或高于这一范围时，听觉敏感度则逐渐减弱。这种频率依赖性决定了音频通信系统在信号处理时需要特别关注声音的频率成分，以确保传输的声音信号能够被接收者清晰地感知。

听觉的掩蔽效应也是人类听觉系统的关键特性之一。掩蔽效应指的是当某一频率的强声音存在时，会对同一频段内较弱声音的感知产生抑制作用。这种现象对音频编码和压缩技术具有重要意义，因为通过利用掩蔽效应，可以在不显著影响音质的前提下，减少传输数据量，从而提升通信系统的效率。

第二，音频信号特性。在音频信号中，动态范围的大小对于系统设计和处理具有重要意义。较大的动态范围可以更全面地捕捉声音的细节和变化，从而提高音频信号的表达能力。对于不同的声音类型，动态范围的需求也有所不同。

音频信号的动态范围不仅影响信号的质量，还与信号处理技术紧密相关。在音频编码和压缩过程中，动态范围的管理尤为关键。合理的动态范围控制可以在减少数据冗余的同时保持音频信号的完整性。这对于音频信号的存储、传输和重现至关重要，因为过大的动态范围可能会导致失真或不必要的噪声，而过小的动态范围则可能使得音频信号丧失细节。

（2）音频信号的数字化与编码。声音信息通过拾音器的采集形成的是模拟音频信号，它在时间上是连续的，而数字音频则需对应一个时间离散的数字序列。音频信息的数字化包括音频信息在时间上的离散化和音频信息电平值的离散化。现代通信技术中通常选用的音频采样频率有 8 kHz、11.025 kHz、16 kHz、22.05 kHz、32 kHz、44.1 kHz 和 48 kHz 等。

音频的编码格式多种多样，作为媒体资产的重要组成部分，其编码格式的选择也非常重要[①]。一般来说，音频信号的压缩编码主要有以下类型：

第一，波形编码。在波形编码中，全频带编码方法通过对整个信号频带进行无失真编码，确保所有频率成分在编码过程中得到完整保留，这种方法通常需要较高的比特率，以保证信号的高保真度。全频带编码在高码率条件下能够实现卓越的音频质量，适用于对音频信号质量要求极高的场景，如高保真音频播放和专业音乐制作。

子带编码通过将音频信号划分为若干个频带子带，并对每个子带进行独立编码，从而提高编码效率。这种方法的优势在于能够根据不同频带的特性，采用不同的编码策略，从而在保证音质的同时减少总体的数据量。子带编码在处理中能够有效减少音频信号的冗余，提高压缩比，适用于需要平衡音频质量与数据率的应用场景。

---

① 张勇. 媒资管理系统中音频编码的选择 [J]. 广播与电视技术，2018，45（6）：77.

第二，参数编码。在参数编码中，音频信号首先被表示为一个数学模型，通过对模型参数的提取，可以有效地压缩音频数据，并在重放时通过这些参数重新构建信号，从而实现音频的还原，这种方法通常被称为声码器。常见的参数编码方法包括线性预测声码器、通道声码器和共振峰声码器等，这些方法通过不同的模型和算法来实现对音频信号的有效压缩。其中，线性预测声码器通过建立线性预测模型来描述声音信号的特征，通道声码器则通过分离声道来提高编码效率，而共振峰声码器则侧重于对声音的共振峰特性进行编码。这些技术共同的特点是高压缩比，但也存在计算量大的问题。

第三，混合编码。混合编码技术包括多种形式，如多脉冲线性预测、矢量和激励线性预测、码本激励线性预测、短延时码本激励线性预测编码以及长时延线性预测规则码激励等，这些技术在编码过程中采用了不同的策略，以实现对音频信号的高效处理。多脉冲线性预测通过对信号的线性预测模型进行多脉冲优化，提升编码精度；矢量和激励线性预测则结合矢量量化与激励信号的预测，提高了编码的适应性和灵活性；码本激励线性预测和其变种，如短延时和长时延版本，则通过不同的激励模型优化编码效果，适应不同的信号特性。

（3）音频通信业务流程。

第一，普通电话业务流程。主叫用户摘机，发起电话呼叫。此时，主叫侧的用户交换机通过检测到用户摘机状态，发出提示音，提醒用户进行拨号操作。当用户输入被叫号码后，交换机及相关交换网络会接收到该号码，并依据号码规则进行被叫地址的查找和路由选择。此过程确保了电话信号能够被准确地转发至被叫用户。被叫侧的用户交换机则向被叫用户的电话机发出振铃音，以提示被叫用户进行摘机操作。在被叫用户摘机后，电话系统会为双方建立一条双向通信线路，并开始计费。此时，用户可以开始通话。通话期间，主叫用户的电话机通过话筒采集用户的语音信号，将其转换为模拟语音电信号。该信号通过用户线接入电话系统，并被传输至对方的用户交换机。现代电话网中的用户交换机通常会将模拟语音信号进行数字化处理。这一过程中，语音信号的带宽被限制在 300 至 3 400 赫兹之间，采样频率为 8 千赫兹，每个样本量化为 8 位，因此每条话路的数据速率为 64 千比特每秒。数字化后的信号通过数字网络传输至通话对方的用户交换机，再经过数模转换还原为模拟语音信号。该信号通过用户接入线送至对方的电话机，由其听筒完成语音电信号到声音信号的转换，供用户接听。

当通话结束时，任一方用户挂机后，用户交换机会检测到挂机信号，并通过信令系统完成资源的释放，停止计费，并结束通信进程。此流程不仅保障了通信的高效性，也确保了计费的准确性和通信资源的合理利用。

第二，卫星电话业务流程。在卫星电话业务中，用户需要通过电话局将其线路与卫星通信系统中的本地地面站进行连接。这一过程中的关键步骤包括信号的传输和转换。地面站接收来自用户的语音信号，并通过高频信号调制技术将其转化为适合卫星传输的信号形式。随后，地面站将这些信号发射至卫星。卫星在接收到地面站发送的信号后，利用其内置的功率放大器对信号进行放大，并进行必要的频率转换，以便有效地转发信号至目标区域。

卫星通过其高频信号转发机制，将处理后的信号传输到航行于海洋中的卫星信号收发站。收发站在接收到卫星转发的信号后，将信号解调并还原为原始的语音信号。解调后的语音信号被传输给用户，使其能够完成语音通信。对于那些无需通过地面站进行信号中转的用户，他们需使用专用的卫星通信终端。这些终端直接与卫星进行通信，确保语音信号的有效传输。卫星通信系统的覆盖范围广泛，能够实现对传统通信基础设施无法覆盖区域的有效服务，目前其在全球范围内的独特覆盖能力尚无法被其他通信方式所替代。

2. 数据通信业务

（1）数字数据网业务。数字数据网络架构中，电信部门能够为用户提供两类主要的数据传输业务：永久性连接和半永久性连接。永久性连接的数据传输信道，是指用户之间建立的固定连接，这些连接具有不变的传输速率和独占带宽。此类连接提供了高度的稳定性和一致性，适用于需要持续、稳定数据传输的应用场景，如企业内部的专用网络或关键业务系统，这种连接形式确保了传输过程中的高效性和可靠性，从而满足了对数据传输质量的严格要求。半永久性连接的数据传输信道具有一定的灵活性。虽然这种连接对用户而言是非交换性的，但用户可以根据实际需求提出申请，由网络管理人员对其传输速率、数据目的地以及传输路由进行调整。这种灵活的服务模式使得半永久性连接适应了多样化的业务需求，支持了动态变化的网络环境。

（2）宽带 IP 业务。在宽带 IP 业务中，用户的数据以 IP 数据包的形式在 IP 网络中传输。这种数据包交换技术确保了数据传输的高效性和灵活性，使得各种网络应用能够在不同的网络条件下稳定运行。为了实现这一目标，用户可以通过多种接入技术连接到 IP 网络，包括光纤接入、光纤同轴混合接入、各种数字用户线接入以及无线接入等技术。这些接入方式各有特点，能够根据不同的用户需求和网络环境提供合适的解决方案。

光纤接入提供了高速率和低延迟的连接，适合高带宽需求的应用；光纤同轴混合接入则结合了光纤和同轴电缆的优势，提高了网络的覆盖范围和带宽利用率；各种数字用户线接入技术则在传统的电话线路上提供了较高的传输速率；无线接入则通过无线信号提供灵活的接入方式，满足了移动性和便捷性的需求。

（二）多媒体通信业务

1. 多媒体即时通信

典型的多媒体即时通信系统通常采用客户端/服务器结构，其中信息传递需要通过中心化的服务器进行中转。这种结构的优势在于可以集中管理和协调用户的连接请求、信息传输及状态更新。当涉及大数据量的视/音频信息传输时，由于数据流量大且需要低延迟处理，服务器的中转可能导致一定的响应延迟。因此，为了提高效率，系统通常在"聊天"双方之间建立直接连接，尽管这种直接连接的建立依然需要依赖服务器的初始协调。

用户必须先登录服务器，才能访问各种服务。服务器不仅负责管理用户的状态信息，还提供"出席"服务，即向用户展示其他用户的在线状态及其变化。这种状态信息的提供使得用户能够实时掌握其通信伙伴的可用性，从而优化交流的时机和效率。

一个典型的多媒体即时通信系统包含两种基本服务：出席服务和即时消息服务。出席服务通过显示用户的在线状态，帮助用户了解彼此的实时互动情况；即时消息服务则实现了消息的即时传递，确保了交流的流畅性和及时性。这两种服务的结合，使得多媒体即时通信系统成为一个功能全面、响应迅速的通信平台，满足了现代社会对高效、实时信息交流的需求。

2. 多媒体会议与协同工作

多媒体会议与协同工作系统涵盖了会议室型会议电视系统、桌面或手持终端会议电视系统以及多媒体协同工作系统三种主要模式，其中多媒体协同工作系统代表了这一领域的最高复杂度。其核心目标在于使地理位置分散的用户能够模拟面对面交流的体验，实现高效的沟通与协作。

多媒体协同工作系统通过整合音视频传输、实时数据共享及互动功能，提供了一个高效的虚拟工作环境。这种系统不仅支持实时的语音和视频交流，还允许用户在共享的数字平台上进行文档编辑、项目管理及信息交换。通过高带宽网络和先进的编码技术，这些系统能够保证数据的实时性和传输质量，从而促进用户间的无缝协作。

当虚拟现实技术与协同工作系统相结合时，用户可以在三维虚拟环境中进行互动和协作。这种集成不仅提升了用户的沉浸感和交互性，还扩展了协作的空间范围和表现形式。用户能够在虚拟环境中模拟实际操作，进行复杂的设计审查和团队讨论，从而提高了协作的效率和效果。

典型的应用场合包括多媒体远程会议、多媒体远程医疗、多媒体远程教学和多媒体协同办公等。这些应用场合充分体现了多媒体会议与协同工作系统的广泛适用性和重要性，为现代社会提供了多样化的信息交流与协作解决方案。总体而言，多媒体会议与协同工作系统通过其先进的技术和集成功能，极大地提升了跨地域协作的便捷性和效率，推动了信息化和数字化的进程。

二、现代通信终端技术

（一）多媒体通信终端

1. 多媒体通信终端形式

（1）多媒体计算机终端。计算机作为多媒体应用的核心平台，通过增强其多媒体信息处理能力，成为多媒体终端的基础。为了构建一个高效的多媒体计算机终端，通常需要配置各种媒体信息采集和输出接口，这包括视频摄像头、麦克风、扬声器、显示器等。此外，补充各种通信接口，例如网络接口和数据传输接口，也是实现全面多媒体功能的必要条件。这些接口不仅支持不同类型媒体的处理，还确保了数据的稳定传输和实时交流。

多媒体计算机终端的功能涵盖了从基本的可视电话、会议电视，到更复杂的互联网浏览和点播电视等应用。通过不同的硬件配置和软件支持，这些终端能够提供广泛的服务功能，满足用户对高质量多媒体通信的需求。这种灵活性和扩展性使得计算机终端能够适应不断变化的技术环境和用户需求，推动了多媒体通信技术的进步和应用的普及。

（2）机顶盒与智能电视。机顶盒是传统电视系统中常见的附加设备，通过将其与普通电视机连接，用户可以实现对数字电视信号的解码与处理。这种设备通常集成了接收和解码功能，能够支持各种电视服务，包括数字电视、点播服务和交互式电视应用。机顶盒的使用扩展了传统电视机的功能，使其能够兼容现代的数字广播和互联网内容，为用户提供更广泛的观看选择。

智能电视是一种集成了机顶盒功能的高级电视设备。智能电视内置了强大的处理器、存储器及网络接口，支持直接通过互联网访问视频点播、流媒体服务及各种应用程序。其内建的操作系统和应用程序平台允许用户安装和运行各种应用程序，实现高度的个性化和互动体验。此外，智能电视通常具备更高的图像和音频处理能力，提供更清晰的视觉效果和更高质量的声音体验。

2. 多媒体通信终端接口

多媒体通信终端通常具备两个接口：①多媒体终端与人的接口；②多媒体终端与网络及外部设备之间的接口。前者称为人机接口，后者称为通信与外设接口。

（1）人机接口。人机接口的主要功能在于接收用户的输入命令和数据，并将经过系统处理后的输出信息返回给用户，促进了人机之间的有效沟通和协作。当前，多媒体终端广泛采用图形、图像、活动视频和声音等多种信息输出方式，使用户体验更加直观和丰富。在输入方面，现代接口支持多样化的输入设备，如鼠标、电子笔、触摸屏、扫描仪和数字相机，这些设备的引入显著提升了用户与系统交互的效率和便捷性。更为先进的技术，如语音识别、图形识别和图像理解等，正在逐步融入人机接口的设计中。这些技术的应用不仅增强了人机接口的智能化和自动化水平，还使用户能够通过自然语言、手势或视觉图像等多种方式与计算机系统进行互动。这种技术进步大大扩展了人机接口的功能，提供了更为直观和自然的交互体验，进一步提升了用户的操作便利性和系统的响应速度。

（2）通信接口。通信接口不仅提供了用户终端进入网络的必要手段，还因网络类型的不同而展现出多样化的接口形式。在不同的通信网络环境中，用户网络接口的类型和标准会有所不同。主要的网络接入形式包括计算机网络、传统电信网络、混合光纤同轴网络以及移动蜂窝网络。每种网络环境对通信接口的要求均不相同,这要求多媒体终端具备适应这些不同网络的接口能力。因此,多媒体终端的设计需要考虑到多种网络接口的集成,以确保兼容性和灵活性,从而满足各种通信网络的接入需求。

随着计算机技术和多媒体技术的不断进步,终端外围设备的种类日益增多,这对通信接口提出了更高的要求。现代通信接口必须支持更高的数据传输速率和更复杂的协议,以适应外设智能化、多功能化、微型化、遥控化以及与主机一体化的趋势。这些发展不仅增强了终端设备的功能性和便捷性,也提升了用户的操作体验。

3. 多媒体通信终端软件系统

多媒体通信终端的功能实现不仅依赖于先进的硬件,还需有相应的软件系统的支持,以确保终端能够有效地处理和传输多种类型的媒体数据。多媒体通信终端软件系统由两个主要部分组成:多媒体操作系统和各种多媒体通信应用软件,这两个部分的有机结合是实现终端多媒体功能的关键。

多媒体操作系统是多媒体通信终端的软件核心,通常建立在硬件驱动程序的基础之上。其核心功能包括实时任务调度、多媒体数据转换和同步控制机制、对多媒体设备的驱动和控制、基于服务质量的资源管理、支持连续媒体的文件系统以及具有图形和声像功能的用户接口等。这些功能共同作用,以实现对多媒体数据的高效处理和准确同步,确保用户体验的流畅性和稳定性。

多媒体通信应用软件在多媒体操作系统的基础上运行,提供具体的功能服务。它包括各种用于视频会议、流媒体播放、语音通信、图像处理等应用程序,这些软件通过利用操作系统提供的多媒体处理能力,为用户提供丰富的互动体验。应用软件的设计和实现直接影响到终端的功能扩展性和用户操作的便捷性。

（二）新型通信终端

1. 智能音箱

智能音箱是近年来技术进步与消费需求相结合的产物，它不仅是一种智能硬件设备，更是现代智能家居系统的重要组成部分。智能音箱的核心功能在于通过语音识别技术实现与用户的自然语言互动，具备语音助手、音乐播放、家居控制等多重功能。智能音箱的技术基础主要包括语音识别技术、自然语言处理技术和机器学习技术。语音识别技术使智能音箱能够将用户的语音指令转换为机器能够理解的指令；自然语言处理技术则用于分析和理解用户的语音指令的语义，并生成相应的响应；机器学习技术则使得智能音箱能够通过不断地学习和优化，提高其语音识别和理解的准确性。这些技术的融合使得智能音箱能够实现高效的语音交互，满足用户日益增长的需求。

智能音箱具有多种功能特性，最基础的功能是语音助手，它能够回答用户的问题、提供天气预报、设定闹钟、提醒事项等。此外，智能音箱还具备强大的音乐播放功能，用户可以通过语音指令播放自己喜欢的音乐或播放列表。智能音箱还可以作为智能家居的控制中心，通过与其他智能设备的连接，实现家居环境的智能化控制，例如调节灯光、温控、门锁等，这种集成化的设计极大地提升了用户的生活便利性和舒适性。

在市场应用方面，智能音箱已经广泛应用于家庭、办公、娱乐等多个场景。在家庭中，智能音箱不仅作为家庭娱乐系统的重要组成部分，还能帮助用户管理家庭事务，例如控制家电、管理购物清单等。在办公环境中，智能音箱则可以作为语音助手，提高工作效率，协助安排日程、处理邮件等。此外，智能音箱在娱乐领域的应用也不断扩展，用户可以通过语音控制播放电影、听广播等，极大地丰富了娱乐体验。

2. 智能机器人

智能机器人作为现代技术的前沿应用，其发展和应用受到了广泛的关注。智能机器人的设计和实现通常基于三个核心要素：感觉要素、运动要素和思考要素，这些要素相互作用，共同实现机器人的智能化和自主决策能力。

（1）感觉要素。感觉要素包括多种传感器和感知技术，这些技术使机器人能够感知其周围环境的状态，并获取必要的信息以支持后续的决策过程。感觉要素通常可以分为非接触型传感器和接触型传感器两类。

非接触型传感器，如视觉传感器、超声波传感器和激光雷达，主要用于环境的远程探测。视觉传感器包括摄像机和图像传感器，能够捕捉环境的图像信息，为机器人提供视觉数据。超声波传感器和激光雷达则用于测距和障碍物检测，它们通过发射和接收信号来确定物体的距离和位置，这些传感器提供的环境数据对于机器人自主导航和避障至关重要。

接触型传感器包括力传感器、压觉传感器和触觉传感器，主要用于检测与物体接触时的力学信息，这些传感器能够感知物体的触感和压力变化，从而帮助机器人完成更加精细和复杂的操作任务。例如，在机器人抓取物体的过程中，力传感器能够实时监测施加的力量，确保物体的稳定抓取和操作。

（2）运动要素。运动要素的实现需要机器人具备适应不同地理环境的移动机构，并能够对运动过程进行实时控制。智能机器人的运动系统包括无轨道型移动机构和各种执行机构。无轨道型移动机构如轮子、履带、支脚、吸盘和气垫等，能够使机器人在平地、台阶、墙壁、楼梯、坡道等复杂地形上进行移动。轮子和履带能够为机器人提供稳定的行进能力，支脚则适合在不规则地形中提供支持和稳定性。吸盘和气垫可以在特定环境下提供额外的移动能力和支持。

运动过程中，智能机器人需要进行精确地控制，这包括位置控制、力度控制、位置与力度混合控制以及伸缩率控制等。位置控制确保机器人在移动过程中能够按照预定路径行进；力度控制则保证机器人在执行任务时能够施加适当的力量；位置与力度混合控制结合了位置和力度的调节，提高了机人在复杂任务中的适应性；伸缩率控制用于调节机器人的各部分之间的相对位置，以适应不同的操作需求。

（3）思考要素。思考要素的实现主要依赖于信息处理技术，包括数据分析、决策制定和学习算法。在智能机器人的思考过程中，数据处理通常需要依托通信网络与云端系统进行协作。本地计算机处理机器人传感器采集的数据，进行初步的分析和处理，同时将数据传输到云端服务器进行进一步的深度分析和处理。云端服务器利用强大的计算能力和先进的算法，为机器人提供高层次的决策支持。思考要素涉及机器人的学习能力。通过机器学习和深度学习技术，智能机器人能够从大量数据中提取有用信息，并逐步优化其行为和决策能力。这种学习过程使得机器人能够适应不断变化的环境，提高其在各种复杂情境下的表现和效率。

3. 智能车载终端

（1）智能车载终端的硬件构成。处理器芯片是智能车载终端的核心，负责数据处理和系统运算。它必须符合车规要求，以确保在各种驾驶条件下的可靠性和稳定性。液晶仪表盘则展示车辆运行状态和各种传感器数据，为驾驶员提供清晰的操作反馈。中控系统作为智能车载终端的中心控制单元，集成了各种功能模块，包括导航、多媒体播放、通信和车辆设置等。副驾与后排娱乐系统提供给乘客丰富的娱乐内容，增强乘车体验。车载网关则负责不同子系统之间的数据传输和通信，确保系统的协调运行。汽车总线系统负责连接各类车载设备，实现数据的高速传输和实时处理。外围电路包括各种传感器、4G/5G 网卡、LCD 显示屏、扬声器以及 GPS/北斗卫星接收器和摄像头等。这些组件的集成和优化使得智能车载终端能够实现精准的环境感知和信息传递，为智能驾驶和乘员服务提供支持。

（2）智能车载终端的操作系统与技术支持。语音识别技术使得驾驶员和乘客可以通过语音指令控制车辆的各项功能，如导航、电话、音乐等。场景化语音技术则根据不同的驾驶情境提供相应的语音指令和反馈，提高操作的便利性和安全性。自然语言理解技术使得智能车载终端能够理解和处理复杂的语音命令，进行语义解析和上下文理解，进而执行相应的操作。生物识别技术通过对驾驶员的面部特征、指纹等进行识别，实现车门自动解锁、座椅和空调的自动调节等个性化设置。情绪识别技术则通过分析驾驶员和乘员的面部表情和语音情绪，推荐适当的娱乐内容或调整车内环境，以提升乘车体验。

（3）智能车载终端的系统集成与互操作性。智能车载终端通过车载网关和汽车总线系统，将各类硬件组件和软件模块有效集成，形成一个高效协同的系统。车载网关负责管理车载网络的数据流，协调各子系统之间的通信，确保系统的稳定性和响应速度。汽车总线系统则实现了车载设备之间的高速数据传输，支持实时数据的交换和处理。

智能车载终端的系统集成涉及与外部设备和服务的互操作性。例如，通过与智能手机、移动终端、互联网云服务等平台的连接，智能车载终端能够实现远程控制、信息同步和数据共享。用户可以通过手机应用程序进行车辆管理、导航设置和服务预约等操作，而智能车载终端则能够通过互联网实时获取交通信息和服务更新，提供更加精准和及时的功能支持。

第五章　现代通信交换与路由技术

网络通信的高效性和可靠性依赖于多种交换与路由技术的协同运作。本章主要探讨网络通信的交换与路由技术、电路交换与分组交换的原理与应用。电路交换提供了稳定的连接，而分组交换则以其灵活性和高效性满足了现代数据通信的需求。IP 网技术作为网络通信的核心，支撑着各类服务的无缝连接。软交换与 IMS 技术的兴起为通信网络的融合发展带来了新的机遇，推动了多媒体服务的集成与创新。

第一节　网络通信的交换与路由技术

一、网络通信交换基本功能

（一）信令的接收与分析

网络通信交换系统的功能是能够准确接收和分析来自用户侧或网络侧接口的呼叫信令。呼叫信令是用来建立和控制通信会话的控制信息，包括用户请求建立连接、释放连接等指令。信令的正确接收和分析是确保交换节点能够准确响应用户需求的前提，这一过程涉及信令的解码、处理以及解析，确保呼叫请求能被正确理解并传送至网络的其他部分。网络通信交换系统还需要能够接收和分析地址信令。地址信令携带了目标用户的位置信息或网络地址，是实现信息路由的基础。通过对地址信令的分析，交换节点能够确定信息的目标地址，并据此进行后续的路由选择，这一功能确保了信息能够在网络中准确找到其目的地，从而实现有效的通信。

（二）路由选择

在接收到呼叫信令和地址信令后，网络通信交换系统需要根据目的地址进行路由选择。路由选择是指根据目标地址决定信息传输的路径，确保信息能够从源头顺利传递至目标，这一过程通常涉及查找路由表、评估路径质量、选择最优路径等操作。现代网络通信交换系统通常采用多种算法和策略来优化路由选择，以提升网络的效率和可靠性。路由选择不仅涉及信息在同一网络中的传输，还可能涉及跨网传输，在这种情况下，交换节点需要与其他网络或系统进行协作，以实现信息的有效转发。有效的路由选择能够减少信息传输的延迟，提高网络的整体性能，并确保信息在不同网络之间的无缝传递。

（三）连接控制

连接控制涉及连接的建立、维护和拆除。在用户发起通信请求时，交换节点需要根据呼叫信令和地址信令建立相应的连接。连接的建立过程包括分配必要的网络资源、配置相关参数以及与其他节点进行协作，确保通信路径的顺畅和稳定；连接的维护则涉及对已建立连接的监控和管理，包括处理通信过程中可能出现的问题、调整连接参数以适应网络状态的变化等，这一过程对于确保通信的质量和可靠性至关重要；在通信会话结束时，交换节点需要按照要求拆除连接，包括释放已分配的网络资源、更新网络状态以及进行必要的清理操作。连接的拆除过程能够有效避免资源的浪费，并为新的通信会话做好准备。

二、网络通信交换基市原理

（一）交换节点中传送的信号

1. 同步时分复用信号

同步时分复用信号是一种利用时间分割技术，将高速数字信道划分为多个恒定速率的低速子信道的传输方式。在这种复用方式中，时间被精确划分为固定长度的时间单位，每个时间单位形成一帧，通常帧长为 125 μs。每帧又进一步划分为若干时隙，时隙按顺序编号，并且所有帧中编号相同的时隙形成一个子信道，这种方式确保了多个信号能够在同一物理链路中进行并行传输。

同步时分复用的关键特点在于其严格的时间同步机制。各个子信道的时隙是预先定义的，并且在所有帧中保持相同的时间间隔与位置。正因如此，数据流在这些子信道中具有高度的可预测性，从而减少了信号的混淆和延迟。同步时分复用在通信网络中提供了稳定的带宽分配方案，每个子信道都能够以恒定的速率传输数据，从而避免了信号拥塞及数据丢失的风险。这种恒定速率的子信道非常适用于实时性较强的应用场景，如语音传输等。

在同步时分复用信号中，每个子信道的传输内容可以根据时间轴上其所在时隙的固定位置进行识别和交换。因此，信号的交换实际上是时隙的交换，即在时间轴上移动特定时隙中的数据内容。由于时隙的位置是预先定义的，因此在进行信道交换时，不会产生额外的时序协调或复杂的信道管理问题。这种位置化信道的设计使得同步时分复用的信号交换过程更加简洁高效，且能够保证信号传输的时序性。

2. 统计时分复用信号

统计时分复用信号是一种通过对信道资源进行动态分配的复用方式，旨在提高通信网络中信道的利用效率,统计时分复用采用了一种基于实际数据需求的传输策略。具体而言,该机制将传输的信息分解为多个小型数据段,称为分组。在每个分组的前端附加一个标志码,用于指示该分组的目标输出端,即路由标记。

在统计时分复用系统中,不同分组在进入信道时并不占据固定的时间时隙,而是根据系统的实时流量动态分配时隙。这意味着分组传输不再与特定的时间位置相关,而是通过分配可用的时隙进行传输。虽然分组占据的时隙不同,但具有相同路由标记的分组属于同一次连接。由此,信道容量被视为若干个可以动态调整的子信道,而这些子信道是通过标志码来区分的,进而形成了"标志化信道"。

统计时分复用的核心在于其复用器的设计,即统计复用器。统计复用器通过内置的存储器,将接收到的分组信息按照先后顺序进行排列并逐一发送至适当的输出端。该存储机制使得统计复用器能够有效缓解信号传输中的延迟或拥堵问题,从而确保数据传输的稳定性与连贯性。在数据流量较大的情况下,统计复用器的缓冲作用显得尤为重要,它能够根据系统的实际负载状况,智能地调整分组的传输顺序,避免了因时隙资源分配不均造成的信道闲置或拥塞现象。

统计时分复用的优势在于其对信道资源的高效利用。由于分组的传输并不依赖于固定时隙,信道的带宽得以充分利用,即使在低流量状态下,系统仍能够灵活调整分组的传输顺序,最大限度地提升信道的使用率。这一特点使得统计时分复用在不均匀数据流量的通信环境中表现尤为突出,能够有效应对数据传输的突发性需求。统计时分复用信号的交换过程依赖于分组信息中的路由标记。在交换过程中,系统依据每个分组的路由标记将其分发到相应的输出端。统计时分复用的信号交换不依赖于时隙的固定位置,而是根据标志码动态地分配信道资源。因此,交换的实质在于将分组信息的路由标记与输出端进行匹配,确保每个分组能够准确无误地到达其目标位置。

（二）电路交换与分组交换

1. 电路交换

电路交换的基本操作过程可以分为三个阶段：呼叫建立阶段、信息传送阶段和连接释放阶段。在这种通信模式下，两个通信端在开始传输信息之前首先建立一条物理连接，信息传输完成后，这条连接随之拆除。整个通信过程中，连接始终保持不变，无论是否存在数据传输。这种方式的显著特点是，在通信过程中不对传输的信息进行处理或差错控制，信道的全部资源始终专属于双方的通信，即使信道在某些时刻未被充分利用。

电路交换的核心基于同步时分复用技术，强调物理连接的建立与维持。这意味着在连接建立后，通信的双方会占据一个专有的物理信道，无论数据传输量多少，信道带宽始终保持分配。这种固定分配带宽的特性决定了电路交换的资源利用率相对较低，特别是在存在大量通信需求的网络中，灵活性较差。同时，由于每次通信都要求占用一条物理信道，因此在网络负荷较大时，呼叫建立可能会失败，导致呼叫损失率上升。

在电路交换中，连接的建立与拆除是通过实时交换机制来实现的。只要允许建立连接，通信的质量便能得到保障。然而，在网络负荷过大的情况下，由于呼叫损失制的限制，部分通信请求可能无法成功建立连接，从而影响通信体验。尽管如此，电路交换能够确保一旦连接建立，信息传输的质量和时序性较为可靠，特别适用于对实时性要求较高的通信场景。

电路交换最初主要用于电话交换，但其应用范围并不仅限于此。它也可以用于数据交换，尽管数据传输速率通常较低，低于 9.6 kbit/s。这一技术的局限性表现在当数据流量较大时，电路交换难以适应现代通信网络对带宽和灵活性的需求。在某些特殊场景中，如电话网、数字数据网、移动通信网等，电路交换仍然是重要的基础技术。这些网络中，电路交换能够有效实现通信节点之间的连接，从而构成了大规模的通信网络体系。

2. 分组交换

分组交换是一种广泛应用于数据通信领域的关键技术，其核心概念是将数据拆分为较小的分组或包，通过网络逐个传输，并在接收端重新组装成完整的信息。分组交换的最大优势在于其高效的带宽利用和灵活的资源分配。每个分组包含完整的控制信息，包括目的地址和序列信息，这使得分组可以独立于其他分组传输，并根据网络的实时状况选择不同的路径进行传输。由于这一特性，分组交换能够在网络负载较高的情况下实现更高的传输效率。

分组交换通过统计复用的方式优化了信道资源的使用。当多个数据流共享同一个物理信道时，分组交换可以根据需求动态分配带宽，避免了电路交换中固定带宽分配的资源浪费。每个分组在传输过程中会占用网络中的空闲资源，确保网络资源的高效利用。由于分组交换并不需要为每一对通信对象预先分配一条专用的物理通道，因此网络中的节点可以根据当前的流量情况灵活调整路由和带宽分配，极大地提高了网络的适应性和灵活性。

在分组交换的通信过程中，传输的可靠性是一个重要的设计考虑。相比于话音通信中相对较宽松的比特差错率要求，数据通信要求更高的传输精度，尤其是在金融、军事、医疗等关键应用场景中，任何数据的误传或丢失都可能带来严重的后果。分组交换通过引入差错控制机制来保障数据的准确传输。这些机制包括自动重传请求和纠错码等技术手段，确保在接收端能够准确还原出原始数据，即使在传输过程中发生了数据丢失或错误。

在分组交换中，传输的控制机制依赖于严格的通信协议。每个分组携带的控制信息包括源地址、目的地址、序列号以及其他用于确保数据完整性的信息。这使得分组交换不仅可以在同一网络中实现高效的数据传输，还可以跨越多个异构网络，实现全球范围内的数据通信。不同网络中的路由器和交换机能够根据每个分组的控制信息灵活地确定最佳传输路径，从而最大限度地减少延迟和网络拥塞。

三、网络通信的路由技术

路由的主要功能是根据网络拓扑结构和实时状态，将数据包从源节点传递到目标节点，确保网络通信的可靠性、效率和灵活性。计算机网络功能的实现离不开路由交互技术，路由交互技术在计算机网络中的应用对提高网络性能，保障网络通畅，减少网络安全问题发生都起到重要作用[1]。随着互联网规模的扩大，路由技术已成为构建现代网络的基础，涵盖了多种协议、算法和实现方式，旨在优化网络资源利用、减少延迟并提高数据传输的成功率。

路由技术的基本原理依赖于对网络拓扑的动态感知和维护，通过路由器和交换机等设备实现数据包的转发。在数据传输过程中，路由器根据事先设定的路由表决定数据包的转发路径。路由表包含了有关网络中各节点的路径信息，并根据路由算法进行实时更新。网络中的路由器通过不断交换信息，构建并维护全局的路由表，从而确保数据包在传输过程中能够选择最优路径。常见的路由算法包括静态路由和动态路由。静态路由在固定的网络环境中预先配置，并保持不变，适用于小规模、结构稳定的网络；动态路由则能够根据网络状态的实时变化自动调整路径选择，具备更高的灵活性和适应性，适用于大规模的动态网络。

动态路由协议是实现路由技术动态调整的关键，其核心在于路由器之间的信息交换和路径选择。常见的动态路由协议包括距离向量路由协议和链路状态路由协议。距离向量路由协议基于跳数距离，计算从源节点到目标节点的最短路径，并通过路由器之间的周期性更新保持路由表的最新状态。然而，距离向量协议的不足在于其在大规模网络中可能导致较慢的收敛速度和较大的带宽消耗。链路状态路由协议则通过维护全局的网络拓扑信息，使每个路由器都具备对网络结构的完整视图，并根据最

---

① 薛董敏. 计算机网络路由交换技术的应用研究［J］. 软件，2022，43（8）：58.

短路径算法为每个数据包选择最佳路径。尽管链路状态协议相比距离向量协议更加复杂，但其更快的收敛速度和更高的精确性使其成为大型复杂网络中的常用协议。

第二节　电路交换与分组交换原理与应用

一、电路交换系统指标与功能结构

（一）电路交换系统性能指标

1. 基本性能指标

（1）交换机的类型与容量。不同类型的交换机，如市话交换机和长途交换机，依据其在网络中的应用位置和功能进行区分。这种区分有助于明确交换机在特定场景中的适应性和服务目标。容量方面，用户线容量和中继线容量共同决定了交换机能够连接和处理的通信量。用户线容量反映了系统能够支持的用户终端数量，而中继线容量则衡量了交换机在跨网络通信中能够承载的连接量。对于汇接交换机和长途交换机而言，中继线容量是关键的衡量标准，确保交换机能够在高话务量下维持正常运行。

（2）话务处理能力。话务处理能力涵盖了话务负荷能力和呼叫处理能力。话务负荷能力指在一定的呼损率条件下，交换机在忙时能够承载的最大话务量，这一指标直接影响到系统的吞吐量和处理压力，确保系统在高峰期仍能保持稳定服务；呼叫处理能力则表征了交换系统在满足一定质量标准的情况下，能够处理的呼叫次数。忙时试呼次数是评估这一能力的常用指标，它通过衡量忙时交换机处理的呼叫尝试次数来反映处理器的工作效率和应对话务高峰的能力。

（3）网络环境。编号计划用于制定各种电话或网络设备的编号方案，确保网络中各设备和用户的唯一识别与通信；路由组织决定了交换机能够支持的路由方向数和迂回路由数，直接影响到数据在网络中的传输路径规划和绕行能力。灵活的路由配置使得系统能够更好地应对网络异常情况，提高了可靠性。

（4）信令方式。是否支持共路信令决定了交换机在不同网络环境中的兼容性。信令方式的选择和适配直接影响到系统在多种通信标准下的稳定性和兼容性。与此同时，PCM 传输接口的适配能力也是一项重要指标，确保交换系统符合国际标准的传输要求，保障系统在全球范围内的互联互通和通信质量。

（5）计费方式。交换系统的计费方式直接影响到运营商的商业模式及用户体验，它需要确保计费的精确性和实时性，满足不同业务需求。此外，处理器和存储器的配置、基本功能的实现、新服务性能的引入、使用条件的适应性以及传输特性等方面，也构成了交换机性能评估的重要组成部分。这些指标共同作用，确保系统在复杂的网络环境中稳定运行，并能够根据需求进行灵活的扩展与优化。

2. 质量指标

（1）系统阻断率。阻断率是指在高峰话务负荷下，系统因资源不足而无法接续的呼叫比例。较低的阻断率意味着系统在繁忙时段仍能处理大量的呼叫请求，从而保证通信的顺畅性。交换机的设计应确保在资源有限的情况下，最大限度地降低阻断率，通过合理的资源分配和动态调整，提高系统的总体处理能力，满足用户的通信需求。

（2）系统可用性。可用性通常以系统在一段时间内能够正常运行的比例来衡量，较高的系统可用性意味着通信系统在实际应用中能够长时间不间断地提供服务。通过优化系统的硬件配置、软件算法及维护流程，可以显著提高系统可用性，确保在出现故障或外部干扰时，系统能够快速恢复正常运行，降低用户受到的影响。

（3）再启动次数。再启动次数指系统在运行过程中需要重新启动的频率，这一指标的高低直接影响到系统的稳定性和用户体验。频繁的系统再启动可能导致服务中断，影响用户对通信服务的依赖性。因此，系统设计应尽量减少再启动的需求，通过冗余机制和容错设计，提升系统的健壮性，确保即使在出现异常情况下，也能够维持正常的服务质量。

（4）故障定位程度。故障定位程度越高，意味着系统能够及时发现问题并确定故障点，缩短故障处理时间。通过引入自动化诊断工具和智能监控系统，可以提高故障定位的准确性，减少人工介入时间，从而加快故障恢复进程。这不仅提升了系统的维护效率，也降低了系统停机对用户的影响，增强了系统的整体可维护性。

（5）呼损率。呼损率反映了由于系统负荷过大或其他原因导致呼叫无法成功接续的比例。降低呼损率对于提高用户满意度和通信效率至关重要。通过优化交换机的资源分配、提升呼叫处理能力，可以有效减少呼损率，从而提升系统的总体性能和服务质量。

（6）接续时延。较短的接续时延意味着用户能够更快地建立连接，从而提高通信效率。接续时延的长短通常受到系统处理能力、信令方式以及网络结构等因素的影响。通过优化系统架构和提升硬件性能，可以有效降低接续时延，提高用户的通信体验。

（二）电路交换系统硬件功能结构

1. 话路子系统

话路子系统是电信网络中用于实现语音信号传输、交换与控制的关键组成部分，它由多个功能模块构成，涵盖交换网络、用户电路、用户集中级、数字和模拟终端，以及信令设备等，彼此协同工作，确保通信的可靠性与效率。

（1）交换网络。交换网络是话路子系统的核心，负责数据的交换与传输。交换网络中，主交换网络通常称为选组级，它是话路子系统进行信号路由选择和交换的关键环节。现代数字电路交换系统的选组级大多采用同步时分数字交换网络，以保证信号的实时性和同步性。通过同步时分复用技术，多个数据流能够在相同时间段内以不同的时隙被传输，从而提高通信的效率。这种交换网络在话路子系统中起到了有效的调度与资源分配的作用。

（2）用户电路。用户电路负责将用户的模拟或数字信号接入到数字程控交换系统中。对于模拟用户线，用户电路需要配备相应的接口电路，以完成模拟信号到数字信号的转换过程。对于数字用户线，则需要采用数字用户线接口电路，直接处理数字信号。用户电路的设置与运行不仅保障了通信的通畅，也为后续的信号处理提供了可靠的基础。

（3）用户集中级。通过将多个用户的通信需求集中在少量的链路上，用户集中级显著提高了链路的利用率，并减少了网络负载。该集中机制通过减少资源占用，提升了系统整体的效率。此外，用户集中级还具备灵活的配置能力，可以根据需求设置在远端模块，远端用户级与母局之间通过数字 PCM 链路连接。这种模块化设计使得网络拓扑的灵活性得以增强，并减少了用户线的投资成本，进一步优化了资源配置。

（4）数字终端。数字终端主要功能是适配一次群或高次群的数字中继线。它在信号传输中发挥着至关重要的作用，负责码型变换、时钟提取、帧同步与复帧同步等关键任务。数字终端通过这些功能，确保数据在数字通信线路上的稳定传输，并为信号的准确传输提供了技术支持。同时，数字终端还能够执行信令插入和提取的任务，支持告警检测功能，保障网络运行的安全性。

（5）模拟终端。由于部分电信网络仍然使用模拟信号，模拟终端的存在确保了数字与模拟系统之间的兼容性。模拟终端不仅能够完成信号的编码与解码，还支持信令的配合与监视，保证了数字交换系统在面对模拟信号时能够有效处理并保持通信稳定。

（6）信令设备。信令设备主要用于多频信号的发送与接收。随路信令时，信令设备中的多频接收器与发送器负责处理数字化的多频信号，这些信号通过交换网络传送到话路中。此外，信令设备还包括双音多频接收器和信号音发生器。双音多频接收器接收用户拨号时发出的双音多频信号，而信号音发生器则生成数字化的信号音，通过交换网络传送到特定的话路上。信令设备的存在大大提升了网络中信号传输的效率和精度，确保用户能够顺畅地进行通信。

2. 控制子系统

控制子系统是通信网络中至关重要的组成部分，它负责协调和管理各个子系统的运行，通过高效的信息处理与传输确保系统的稳定性和功能性。该子系统主要由处理机和存储器、外部设备以及远端接口等多个部件构成，它们共同作用，为整个通信系统提供必要的控制和管理支持。

（1）处理机和存储器。处理机负责执行系统中的各种计算与逻辑控制任务。不同的网络系统根据其规模和需求，可能采用单处理机或多处理机的配置方式，多处理机系统通常通过分工协作来提升处理效率，各处理机之间相互协作，以分担不同的功能任务，确保通信系统的高效运行；存储器则根据其功能划分为多个区域，包括程序存储器和数据存储器等。程序存储器用于存储系统操作所需的控制指令，而数据存储器则用于存储正在处理的数据信息。高效的处理机与存储器配置，是控制子系统稳定运行的关键。

（2）外部设备。外部设备承担着维护、存储和管理等辅助功能。磁盘和磁带机等存储设备为系统的数据存储和恢复提供支持，这些设备不仅负责存储系统的运行数据，还提供了数据备份的功能，以确保系统在出现故障时能够快速恢复。此外，维护终端为网络系统的操作与管理提供了人机交互的界面，通过维护终端，系统管理员能够监控和管理网络的运行状态，执行系统维护、故障排查等操作，确保系统的持续稳定性。外部设备通过提供存储和管理功能，为控制子系统的有效运行提供了坚实的支持。

（3）远端接口。远端接口负责将控制子系统中的数据传递到其他子系统或远端控制中心。远端接口通常与集中维护操作中心、网管中心和计费中心等其他管理系统相连。通过这些接口，控制子系统能够与其他管理系统共享和传输关键数据，确保整个网络的协调运行。集中维护操作中心可以通过远端接口监控和管理远端系统的运行状态，执行远程维护和控制操作。网管中心则通过远端接口获取系统的运行数据，进行网络管理和性能优化。而计费中心通过接口获取用户的通信数据，用于进行话费计算和用户计费管理。远端接口的存在使得控制子系统能够实现数据的远程传输和跨系统协作，增强了系统的灵活性与可操作性。

（三）电路交换系统软件功能结构

1. 呼叫处理

呼叫处理程序是通信系统中核心的控制机制，负责管理呼叫的建立与释放，确保用户通信的顺畅与高效，该程序涵盖多个功能模块，包括用户扫描、信令扫描、数字分析、路由选择、通路选择和输出驱动等，这些功能模块相互协作，形成完整的呼叫处理流程。

（1）用户扫描。用户扫描模块的主要功能是实时监测用户电路的状态变化，这一过程是动态的，通过不断检测电路从断开到闭合或闭合到断开的状态变化，系统能够及时判断呼叫事件的性质。例如，若电路接通，系统需确认是主叫方发起呼叫还是被叫方应答，这一模块的设计要求以一定的周期进行扫描，以确保对用户状态的准确捕捉与响应。

（2）信令扫描。信令扫描模块的功能包括对用户线的收号扫描和对中继线或信令设备的监测。它涉及脉冲收号或双音多频信号的识别，确保系统能够准确接收用户的拨号指令。具体而言，脉冲收号扫描的复杂性体现在其需要同时进行脉冲扫描和位间隔扫描，以识别快速脉冲变化和数字之间的间隔。信令扫描的高效性直接影响到呼叫建立的速度与准确性。

（3）数字分析。数字分析模块负责解析接收到的地址信令，通过分析其前几位，系统能够判定呼叫的性质，如本局呼叫、出局呼叫、汇接呼叫等，这一模块的输出为路由选择提供了关键的数据依据，确保呼叫能够被正确引导至目标线路。此外，数字分析还涉及对非本局呼叫的处理，通过翻译功能获得路由所需的信息，从而优化呼叫流的管理。

（4）路由选择。路由选择模块负责确定对应呼叫去向的中继线群，并选择一条空闲的出中继线。当所有线群忙碌时，该模块还能够识别并确定各个备选路由，以便选择空闲的中继线，从而提高系统的资源利用效率。路由选择的准确性对呼叫质量和用户体验至关重要，确保每个呼叫请求都能得到及时处理。

（5）通路选择。通路选择模块在数字分析和路由选择之后执行，其主要任务是选择一条空闲的通路以连接指定的入端与出端，此过程考虑到不同的呼叫类型，如主叫用户与被叫用户之间的直接连接，或是入中继与出中继之间的连接。通路选择的有效性依赖于存储器中反映链路状态的映像表，该表记录了各个链路的忙闲状态，为通路选择提供了必要的数据支持。

（6）输出驱动。输出驱动模块作为软件与话路子系统中硬件接口的桥梁，负责驱动硬件电路的动作，包括数字交换网络的通路连接或释放，以及用户电路中振铃继电器的动作。输出驱动的功能实现确保了呼叫建立与释放过程的物理执行，使得软件指令能够转化为实际的硬件操作。

2. 操作系统

操作系统的核心功能可以归纳为任务调度、通信控制、存储器管理、时间管理、系统安全与恢复，以及外设处理、文件管理和装入引导等。

（1）任务调度。任务调度模块通过实施特定的调度策略和算法，负责将处理机资源分配给并发执行的任务，这一过程要求操作系统在选择适当的进程调度策略时，充分考虑系统的实时性需求和任务优先级，以确保每个任务能够在预定时间内获得处理。合理的任务调度不仅优化了处理机的利用效率，还提升了系统对实时响应的能力。此外，任务调度还涉及周期性扫描程序的执行控制，确保系统能够定期执行必要的监测与维护任务。

（2）通信控制。操作系统需提供可靠的通信机制，以支持不同处理机之间的交互，以及同一处理机内部软件模块之间的通信，在这一过程中，采用松耦合的消息传送机制是有效提高系统可靠性和灵活性的策略之一。通过操作系统统一管理进程间的通信，能够简化复杂的通信流程，并提高信息传递的效率与准确性。

（3）存储器管理。随着程控交换系统的运行，动态数据的产生速度迅猛，因此，操作系统需对存储区域进行统一管理，以提升存储器的使用效率，这一管理不仅涉及临时动态数据的存储，还包括外存程序和数据的覆盖存储区管理。通过有效的存储器管理策略，操作系统能够最大限度地利用内存资源，减少资源浪费，确保系统运行的流畅性。

（4）时间管理。时间管理涉及对系统时间资源的统一监控与管理，包括相对时限和绝对时限的监视，操作系统需提供准确的计时服务，支持系统内各任务的时间调度与同步。通过有效的时间管理，操作系统能够保证各项任务按照预定时间执行，从而提升系统的实时性能。

（5）系统安全与恢复功能。为应对潜在的安全威胁，操作系统必须具备强大的系统监视、重启和软件重装功能。这些功能的实施能够有效防范安全漏洞，提高系统对异常情况的响应能力，并确保在故障发生后迅速恢复系统的正常运行。

（6）外设处理、文件管理和装入引导等辅助功能可以确保系统能够灵活地与外部设备进行交互，合理管理数据文件，并顺利完成系统启动过程。

3. 数据库

数据库在现代信息系统中发挥着至关重要的作用，尤其是在处理半固定数据时，其结构和管理方式直接影响系统的性能与效率。半固定数据具有较高的稳定性，主要包括用户数据与局数据，这些数据在某些情况下可能需要变更，但总体而言，其基本属性和内容保持不变。因此，采用数据库的结构来存放半固定数据是十分合理的，尤其是关系数据库，以其良好的组织方式和查询能力，为数据管理提供了强有力的支持。

在数据库的运作过程中，应用程序通常需要通过数据库管理系统（DBMS）来访问所需的半固定数据。此过程的核心在于 DBMS 的请求处理能力。应用程序向 DBMS 发出数据请求后，DBMS 会根据请求从数据库中检索相应的数据并返回给应用程序。这一过程不仅提高了数据的访问效率，也确保了数据的一致性和完整性。数据库管理系统通过实施数据完整性约束、并发控制以及恢复机制，有效地维护了数据的可靠性。

为有效支持数据的存储与检索，数据库设计需要充分考虑数据的性质及其相互关系。在关系数据库中，数据通过表格的形式进行组织，每个表代表一个实体，而表之间通过外键建立联系。这种设计使得数据的访问与管理变得更加直观与灵活，能够有效支持复杂的查询需求。

数据库的结构不仅影响数据存储的效率，还影响数据处理的速度与准确性。在设计数据库时，通常需要根据应用场景的需求进行细致地分析与规划。合理的数据结构能够减少冗余数据，提高存储利用率，并加速数据检索的速度。此外，数据库索引的使用是提升查询效率的重要手段。索引为数据库提供了一种快速定位数据的机制，显著提升了检索速度，使得应用程序在处理大量数据时，依然能够保持高效的响应能力。

4. 维护管理

维护管理的核心组成部分包括用户和中继测试、交换网络测试、业务观察、过负荷控制、话务量测量与统计、计费处理，以及用户数据和局数据管理等。

（1）用户和中继测试。用户和中继测试功能负责监测用户线路及中继线路的性能，确保在用户与系统之间的通信过程不出现故障。通过对用户电路和中继电路的定期检测与诊断，维护管理能够及时发现潜在问题并采取相应措施，以降低故障发生率，提升通信服务质量。这一过程不仅保证了用户体验的良好，还增强了系统的整体稳定性。

（2）交换网络测试。通过实施多种测试手段，维护管理能够实时监测交换网络的运行状态，分析其处理能力与响应速度。通过对网络测试数据的深入分析，维护管理能够识别出网络瓶颈和潜在风险，从而为网络优化提供数据支持。

（3）业务观察。业务观察功能通过持续监控网络中的业务流量与服务质量，确保各项业务的正常运行。业务观察可以为维护管理提供实时反馈，帮助识别业务异常、流量异常等问题，进而制定相应的调整措施，以适应不断变化的用户需求和网络环境。这一过程提升了系统的灵活性，确保了业务的高效稳定。

（4）过负荷控制。当系统面临过载风险时，维护管理能够通过调整资源分配与流量控制，防止服务质量下降。此机制确保了在高需求时期系统仍能保持稳定运行，有效保障了用户的通信需求。通过对过负荷情况的准确监测与管理，维护管理能够实现高效的资源利用，避免因负荷过重而导致的服务中断。

（5）话务量测量与统计。通过对话务量的精确测量与分析，维护管理能够了解系统的使用情况，评估资源需求。这一功能的实施使得管理者能够制定科学的资源分配策略，优化网络结构，提升通信效率。准确的统计数据不仅有助于及时调整系统配置，还为未来的网络规划提供了可靠依据。

（6）计费处理。计费处理功能确保用户的消费数据得到准确记录与处理，保障了计费的公正性与透明性。通过高效的计费系统，维护管理能够及时反馈用户的消费情况，提升用户满意度。同时，准确的计费处理也为运营商的财务管理提供了支持。

（7）用户数据和局数据管理。通过对用户数据的系统管理，维护管理能够有效维护用户信息的准确性和安全性。此外，局数据的管理则确保了系统配置和资源分配的合理性。有效的数据管理不仅提高了系统的运营效率，也为后续的决策与优化提供了基础。

二、分组交换基本原理与应用

（一）分组交换基本原理

分组交换的基本原理是将数据分割成多个较小的分组，通过网络节点逐步传输到目的地。这种数据传输方式不仅有效提升了网络资源的利用率，还增强了通信系统的灵活性和可靠性。分组交换的基本思想是在发送端将较大的数据报文切割成若干个小数据块——即分组，每个分组包含有序号、地址以及数据本身的内容。然后，这些分组通过网络中的各个节点独立传输，最终在接收端按照原始顺序重新组装为完整的数据报文。

分组交换的优势在于它能够充分利用网络带宽。在传统的电路交换中，通信双方需要占用固定的信道，即便在数据传输的过程中存在空闲时间，这条信道也不能被其他通信所使用。而分组交换则通过将数据分割并在各个分组之间加入目的地地址，使得不同的分组可以在不同的路径上传输，避免了带宽的浪费。这种灵活的资源调度机制显著提高了网络的利用效率，尤其在高流量或网络资源紧张的环境下，分组交换能够显现出优越的性能。

分组交换提供了更好的容错性和可靠性。由于分组可以沿不同路径传输，如果某条路径发生故障，系统可以自动选择备用路径，这确保了数据传输的连续性和稳定性。同时，分组交换中的每个分组独立发送并确认，网络设备可以监控每个分组的传输状态，若某些分组丢失或出错，接收方可以通过请求重发该分组，而无需重传整个数据报文。这种机制有效降低了通信中的数据丢失率，并提高了网络的整体健壮性。

（二）分组交换应用技术

1. ATM 技术

（1）ATM 技术基本原理。ATM（异步传输模式）的基本原理在于将话音、数据、图像等多种类型的数字信息分解为长度固定的信元，并通过统计时分复用的方式来实现信息传输。ATM 技术的这一特点，使其能够有效应对多样化的通信业务需求，成为满足宽带综合业务传送的重要手段。

在 ATM 系统中，信息传输的基本单位是信元，每个信元的长度固定为53 字节。这种固定长度的设计不仅简化了硬件设备的处理复杂度，还使得 ATM 能够实现高速的数据处理与交换。信元的固定长度使其在网络中传输时能够像同步时分复用中的时隙一样以定时的方式出现，这种机制使 ATM 具备了类电路传输的特性，能够为某些需要低延迟和高带宽保证的应用提供稳定的服务质量。

ATM 系统通过虚通路标识符和虚信道标识符来实现信元的路由和交换。每个信元在其信头中包含了这些标识符，网络设备根据信元信头中的这些标志来决定信元的传输路径。虚通路和虚信道的概念使得 ATM 能够灵活地建立点到点、点到多点的通信连接，为不同应用场景下的多种服务类型提供支持。这种路由机制不仅提高了网络资源的利用率，还增强了通信系统的灵活性。

ATM 技术采用了统计时分复用的方式，将来自不同源的信息信元汇集到一起，并在网络的传输路径上形成首尾相接的信元流。在汇集过程中，信元按照先进先出的原则从队列中逐个输出到传输线路，从而保证了信息传输的有序性。与传统的同步时分复用技术不同，ATM 能够动态地分配带宽，使得网络资源的利用更加高效。当某个用户的信元需求较少时，空闲的带宽可以被其他用户利用，从而减少了带宽浪费。这种动态的资源调度机制，使得 ATM 技术在处理突发性业务和多媒体传输时，表现出较高的适应能力。

（2）ATM 交换系统。ATM 交换系统的功能设计与其所涉及的交换机类型及应用场景密切相关。在不同的应用环境中，ATM 交换系统必须具备一定的灵活性和适应性，以应对多样化的通信需求。通常，ATM 交换系统的基本功能可以分为三大类：交换连接功能、业务流管理功能，以及运行功能。

第一，交换连接功能。交换连接功能的基本目标在于实现不同用户之间的高速数据传输，并在信源和信宿之间建立可靠的通信路径。通过虚通路标识符和虚信道标识符的使用，ATM 交换系统能够灵活地识别和处理信元的路由信息，确保每个信元按照指定的路径到达目的地。交换系统通过识别信元的标志符来进行交换动作，使得网络中的数据流可以高效传输。

第二，业务流管理功能。业务流管理功能通过多个子功能实现，包括流量管理、拥塞控制、带宽分配等。流量管理主要是对网络中传输的数据流进行动态调度，确保不同用户和应用的数据流能够以合理的方式通过网络资源。ATM 系统采用了统计时分复用技术，这使得它能够根据流量负载的变化灵活调整带宽资源的分配，从而提高带宽利用率。在拥塞控制方面，ATM 交换系统能够实时监控网络中的流量情况，当出现拥塞风险时，通过调整数据流的传输速率或暂时阻止部分流量进入网络，来保证系统的平稳运行。这种智能化的业务流管理功能显著提升了 ATM 系统的服务质量，确保网络在高负荷状态下依然能够提供稳定、可靠的通信服务。

第三，运行功能。运行功能涵盖了系统的初始化、监控、故障诊断与恢复、性能优化等多项内容。系统初始化功能保证交换系统在启动后能够正常加载配置并进入运行状态。监控功能通过对系统状态和网络流量的实时监测，及时发现潜在问题，以确保系统的正常运行。故障诊断与恢复功能则是当系统出现故障时，能够快速定位问题并进行自动恢复，最大限度减少因故障带来的服务中断。通过这种自动化的故障处理机制，ATM 交换系统具备较强的抗风险能力。

2. 以太网技术

（1）以太网的介质访问控制方式。以太网采用的核心介质访问控制方式是带有碰撞检测的载波侦听多路访问技术（CSMA/CD），这是一种随机访问或争用媒体技术，旨在解决多站点如何共享一个公共传输媒体的问题。伴随着以太网技术和标准的不断发展与完善，其可以为用户提供更多更好的数据通信业务[①]。

在传统的局域网中，公共总线或树型拓扑结构的存在使得多个设备同时访问同一传输媒体成为可能，但由于传输媒体是共享的，必须有一种机制来管理多个设备的传输需求。CSMA/CD 的基本原理是通过检测载波和碰撞，来确定何时可以传输数据以及如何应对冲突。在以太网中，每个站点在准备发送数据时，首先会侦听传输媒体的状态，检查是否有其他站点正在使用该媒体。如果媒体处于空闲状态，站点即可开始发送数据；但如果媒体正在被占用，发送方将会延迟发送，直到检测到媒体空闲为止。这种机制确保了网络中的多个设备可以在不干扰彼此的情况下进行数据交换。

由于多个站点的访问是随机的，并且缺乏集中式的调度管理，因此可能会出现多个站点同时尝试发送数据的情况，这便会导致数据冲突。冲突发生时，多个设备的传输信号会混杂在一起，无法被接收方正确解读。为了解决这一问题，CSMA/CD 引入了碰撞检测机制。一旦发生碰撞，发送设备会立即停止传输，避免进一步的数据损坏。同时，设备会通过

---

① 杨磊，陈居现. 基于以太网的数据通信软件开发 [J]. 南阳理工学院学报，2018，10（4）：37.

发出一种称为"拥塞信号"的特殊信号，通知网络中的其他设备发生了碰撞。接收到这一信号的设备将暂停传输，并随机等待一段时间后重新尝试发送。这种处理方法有效地减少了碰撞的持续时间，避免了网络性能的大幅下降。

（2）以太网系统组成。典型的以太网系统包括集线器、网卡和传输介质（如双绞线），这些部件共同构成了网络的物理基础和功能实现。系统的各个组成部分不仅承担不同的任务，而且在数据的传输、接收以及错误处理等过程中发挥关键作用。

集线器是主要用于将多个网络设备连接在一起，形成一个逻辑上的共享传输介质。在以太网早期的半双工模式下，集线器通过广播的方式将收到的信号传送给所有连接的设备，因此各设备必须依赖介质访问控制方式来判断何时发送数据，以避免冲突。随着以太网技术的进步，交换机逐渐取代了传统的集线器，提供了更高的带宽和更低的冲突概率。

网卡（网络接口卡）负责将设备连接到以太网上，并执行数据的编码、解码、传输和接收。网卡的核心组件之一是编码/译码模块，该模块在数据传输之前对数据进行编码，以适应物理层传输的需求；同时，它也负责将接收到的物理信号解码为数字信号，供设备处理。编码/译码模块的存在确保了数据在不同介质上能够顺利传输，解决了不同设备在信号表达和传输速率上的差异问题。

双绞线的设计通过将两根导线相互缠绕，有效减少了电磁干扰对信号传输的影响，从而提高了数据传输的质量和稳定性。根据以太网的传输速率要求，双绞线被分为多个类别，不同类别的双绞线支持不同的传输速率和传输距离。随着以太网技术的发展，高级别的双绞线和光纤技术逐渐被应用于更高速率的网络中，但双绞线在局域网中的应用仍然广泛，尤其是在中小型企业网络或家庭网络环境中。

第三节　互联网协议的架构与实现——IP 网技术

一、IP 网的体系结构和协议地址

（一）互联网的体系结构

1. 物理层

物理层位于互联网体系结构的底部，是负责数据物理传输的层次，它定义了硬件设备、传输介质及低层协议的标准，包括但不限于局域网的以太网、分组交换网络和 ATM 网络等。在物理层，数据通过电缆、光纤或无线信号等物理介质进行传输，传输信号通常以电信号或光信号的形式存在。物理层的作用在于确保数据在不同设备间得以有效传输，同时维持信号的完整性和稳定性，它为上层提供了可靠的物理通信通道。

2. 网络接口层

网络接口层，也称为网络访问层，是 TCP/IP 体系结构中最底层的协议栈。该层的主要功能是为数据传输提供可靠的方法，将数据打包成帧进行传输。该层不仅需要对数据进行帧化处理，还需要了解底层网络的具体细节，以便将传输的数据格式化为合适的形式。此外，网络接口层还负责将逻辑的 IP 地址映射为网络所使用的物理地址，这一功能确保了数据在物理网络中的传递路径准确无误。

3. 互联网层

互联网层是互联网体系结构的核心，主要负责在不同网络之间传输数据报。互联网层的主要任务是将来自传输层的分组打包成 IP 数据报，并选择合适的路径将其发送至目标主机。其功能包括路径选择、数据报转发以及流量控制和拥塞管理等。互联网层通过 IP 地址对目标主机进行标识，并根据网络拓扑选择最优的路径将数据发送到目标主机或中间节点。在接收到数据报时，该层首先检查目的地址，若目标为本地主机，则将数据交给传输层处理；若目标为其他节点，则将数据报转发至相应路径。此外，互联网层在应对网络拥堵和流量调控方面也发挥着重要作用，以确保网络的稳定性和数据传输的效率。

4. 传输层

传输层是互联网体系结构中负责端到端通信的关键层次，主要在应用进程之间建立和管理通信连接。传输层中的两个主要协议是传输控制协议（TCP）和用户数据报协议（UDP）。TCP 是一种面向连接的、可靠的传输协议，它通过建立虚拟连接确保数据的可靠传输，并通过流量控制机制协调发送方和接收方的通信速度，防止数据丢失或顺序错乱。UDP 则是一种不可靠的、无连接的协议，适用于无需保证数据传输顺序的应用场景。

5. 应用层

应用层为用户提供直接的服务，负责规定应用程序如何使用网络进行通信。该层包含了一系列应用协议，如远程登录协议、文件传输协议、电子邮件协议、域名服务协议以及超文本传输协议等。这些协议为不同类型的应用提供了标准化的通信方式，使得各种应用程序能够利用底层的网络功能进行数据传输。应用层通过对不同应用场景的优化设计，确保了互联网能够支持多种多样的服务需求，从电子邮件到网页浏览，再到文件共享和远程访问。

（二）网络层协议与 IP 协议地址

1. 网络层协议及功能

网络层协议的主要功能是实现不同主机之间的数据传输和路径选择。作为该层的关键协议，IP 协议在确保网络的无缝连接、数据报的传输，以及网络设备的互操作性方面发挥了重要作用。IP 协议是一个无连接、尽力而为的协议，负责将数据分组从源主机传输到目的主机，支持跨越多个异构网络的通信。

每一个连接到互联网的设备都通过唯一的 IP 地址进行标识，IP 地址的分配确保了在全球范围内的唯一性，从而避免地址冲突。网络层协议根据这些地址在源端和目的端之间选择最优的路径，数据分组在传输过程中可能会经过多个路由器进行转发。网络层协议通过路径选择算法决定每一跳的转发路径，以确保数据能够高效到达目的地。路由器作为网络层的核心设备，承担着接收、检查和转发数据分组的任务。在转发过程中，路由器会根据目标地址信息进行查找，并根据当前网络的路由表决定下一跳的去向，从而实现端到端的通信。

互联网组管理协议（IGMP）主要用于管理和支持组播通信。组播是一种多对多的通信模式，允许多个主机同时接收相同的数据流，而不必每个主机单独与源主机建立连接。IGMP 协议通过管理组播组成员的信息，实现了组播流的高效分发。该协议能够通知路由器哪些主机是某一组播组的成员，从而为组播数据流提供合适的路由路径和传输策略。组播通信在大规模数据分发场景下极具优势，如视频会议、在线广播等应用场景中，IGMP 的使用可以显著减少网络流量，提高带宽利用率。

2. IP 地址及其分类

IP 地址是互联网中用于唯一标识每个连接设备的 32 位地址，其结构设计旨在简化寻址过程。通过 IP 地址，用户可以方便地定位网络上的具体设备，从而实现高效的数据通信。IP 地址的构成分为两部分：网络号和主机号。网络号指明了设备所在的网络，而主机号则标识了特定网络中的设备。这样的结构使得网络管理和数据传输更加高效和有序。

IP 地址的分类主要包括 A 类、B 类、C 类、D 类和 E 类，其中 A 类、B 类、C 类地址是日常通信中最为常用的。A 类地址的网络号字段占用较少的比特数，因此能够支持较多的主机连接，适合大型网络使用；B 类地址则在网络号和主机号之间实现了更为平衡的分配，适用于中型网络；C 类地址则具有更多的网络号位，适用于小型网络或局域网，这种分类确保了不同规模网络的需求能够得到满足。

除了 A 类、B 类和 C 类地址外，D 类和 E 类地址则用于特定的应用场景。D 类地址用于组播通信，允许单一源主机向多个目的主机同时发送数据，这在多媒体广播和视频会议等场景中尤为重要；E 类地址则主要用于科研和实验，通常不在公共网络中使用。

二、路由器硬件结构和路由协议

（一）路由器硬件结构

路由器作为网络通信的核心设备，其硬件结构的设计对于提高网络性能和效率至关重要。常见路由器的基本硬件组成包括主控板、交换网板、线卡板、接口板和背板，这些组件在功能上各自独立却又紧密协作，共同构成了路由器的整体架构。

1. 主控板

主控板是路由器的核心，承载着主控 CPU，其通常由高性能的 X86 处理器或低功耗的 ARM 处理器构成。主控板不仅负责安装和运行路由器的操作系统，还维护着管理员命令行操作平台。这一部分的设计保证了路由器的正常运行与管理，同时也为其他板卡提供状态监控和管理功能。通过路由协议的支持，主控板能够实时更新和维护路由表，从而确保数据包在网络中的有效转发。

2. 交换网板

交换网板是实现路由器内部数据包转发的关键组件,负责将输入端口接收到的 IP 包高效地转发到输出端口。随着技术的发展,交换网板的硬件结构也经历了重要变革,现代路由器普遍采用专用集成电路芯片来实现高速交叉开关阵列。这种设计不仅提升了路由器的转发速度,还增强了系统的整体吞吐量,使其能够同时处理多个 IP 包,极大地提高了网络的并发处理能力。

3. 线卡板

线卡板是路由器中重要的模块,分为上行和下行两部分,分别负责 IP 包的接收和发送。上行板卡在接收到 IP 包后,会将其存入本地输入缓存,并解析其首部的目的地址信息。通过本地转发引擎,该板卡查询本地缓存中的转发路由表,确定 IP 包的转发出口。转发引擎通常采用高性能的网络处理器,以提升处理速度和效率。通过从主控板获取的路由信息,线卡板能够快速响应后续到达的 IP 包,优化查询时间,提高整体处理效率。下行板卡则主要负责 IP 包的转发及质量服务管理。每个输出端口配备多个输出缓存队列,IP 包根据其优先级被存入相应队列,并按照路由器预设的调度算法进行输出。这一设计不仅优化了数据流的处理过程,还确保了高优先级数据的及时传输,提升了网络的服务质量。

4. 接口板

接口板负责路由器与外部网络之间的信号交互,其通过光模块和中低性能的专用集成电路或 FPGA 处理器完成接收与发送信号的光电转换。同时,接口板还需向主控板反馈接入状态,以确保网络连接的稳定性与可靠性。

5. 背板

背板是路由器内部各板卡间通信的桥梁,包含数据总线、控制总线和管理总线。这些总线分别传输不同类型的信息,确保各板卡之间的数据流动和协调工作。对于大型路由器，背板还连接多个机柜，扩展了系统的互通能力，进一步提高了设备间的通信效率。

（二）路由协议

路由协议负责管理路由器对网络拓扑的认知，并为数据包选择最优传输路径，这些协议的设计旨在确保数据能够高效且可靠地从源节点传输到目的节点，从而实现网络的整体功能和性能优化。理想的路由协议应具备以下特征，以适应复杂多变的网络环境：

1. 完整性和正确性

每个路由器中的路由表应能够提供到达所有可能目的节点的下一跳信息，并确保这些信息的准确性。这种完整性确保了数据在网络中传输的可靠性，避免了因错误的路由选择而导致的数据包丢失或传输延迟。

2. 简单性

路由选择的计算过程应尽量减少对网络通信的额外开销，以免影响网络的整体性能。过于复杂的计算可能会导致路由器处理时间的延长，从而增加数据包的传输延迟，进而影响用户体验。因此，设计合理的算法，使其在保证有效性的前提下简化计算流程，显得尤为重要。

3. 健壮性

当某些节点或链路发生故障时，路由协议必须能够及时调整路由选择，以保证网络通信的持续性和可靠性。同时，当故障节点恢复正常后，算法应能够快速地重新整合这些节点，恢复网络的原有状态，这种适应性对于维持网络的稳定性和可靠性至关重要。

4. 公平性

无论用户的流量大小，路由协议都应当确保每个用户能够获得公平的资源分配，从而避免网络拥塞和不平等现象的发生。只有在保证公平性的前提下，网络才能够有效地服务于不同需求的用户，提升整体用户满意度。

5. 最佳性

成本的定义不仅包括带宽消耗，还涵盖了延迟、资源使用和网络设备的负载等多方面因素。通过优化这些成本，路由协议可以更好地适应网络环境，提高整体效率。

第四节 现代通信网络的软交换与 IMS 技术

一、软交换网络技术

（一）软交换网络结构

软交换技术一方面融合了网络科技，另一方面这种技术采用公开的应用软件，极大地方便了第三方开发和应用[①]。

第一，接入层。接入层负责提供各种网络和设备接入核心骨干网的手段，这一层的设计强调多样性和灵活性，主要包括信令网关、媒体网关和接入网关等多种接入设备。

第二，传输层。传输层负责提供信令和媒体流的传输通道，这一层的核心是 IP 分组网络，通过将数据流分割成小的分组进行传输，以实现高效的数据传递。

第三，控制层。控制层主要提供呼叫控制、连接控制和协议处理等能力。该层的主要功能在于为业务平面提供访问底层各种网络资源的开放接口，允许业务层动态调整和优化资源的使用。

---

① 李妮. 软交换网络中关键技术研究应用和未来发展趋势 [J]. 科技风，2018（33）：71.

第四，业务层。业务层利用底层的各种网络资源为用户提供丰富多样的网络业务。这一层的核心功能实体是应用服务器，作为软交换网络中业务的执行环境，应用服务器承载着各种增值服务的运行。

（二）软交换网络协议

1. 媒体网关控制协议

媒体网关控制协议（MGCP）的产生是对简单网关控制协议和 IP 设备控制协议的有效整合，结合了两者的优点，以适应不断发展的通信网络需求。这一协议的核心在于它提供了一种标准化的方法，使得不同类型的媒体网关能够通过统一的控制机制进行互操作。

MGCP 协议的结构和功能相对成熟，涵盖了媒体会话的建立、修改和终止等关键操作。其基本机制是通过主控节点向媒体网关发送命令，指导其执行特定的媒体处理任务。这种主从式的控制模式使得网络运营商能够灵活地管理媒体资源，优化网络性能，从而提升用户体验。此外，MGCP 支持对多种媒体类型的处理，包括音频和视频流，体现了其在多媒体通信中的广泛适用性。

2. 会话初始协议

会话初始协议（SIP）是专门用于在 IP 网络上实现多媒体通信。SIP 协议的主要作用在于支持会话的建立、连接和释放，确保多媒体数据流的顺畅传输。在多媒体通信中，SIP 不仅可以处理单播和组播的会话需求，还具备处理可移动性的能力，允许用户在不同网络环境中无缝切换。这一特性使得SIP 在现代通信系统中得到了广泛应用。SIP 协议的显著优势在于其与会话描述协议（SDP）的配合使用。通过结合 SDP，SIP 可以动态调整和修改会话的属性，包括通话带宽、所传输的媒体类型以及编解码格式等。这种动态配置能力不仅提高了网络资源的利用效率，还使得用户能够根据具体需求实时优化通信质量，从而提升整体用户体验。

二、IMS 技术

（一）IMS 网络结构

1. IP 接入网络层

IP 接入网络层主要负责发起和终结各类 SIP 会话，通过实现 IP 分组承载与其他承载方式之间的转换，确保不同网络之间的兼容性和互操作性。同时，该层根据业务部署和会话层的控制实施各种质量服务策略，从而保证通信质量的稳定性。此外，IP 接入网络层还承担与公用电话交换网和公共陆地移动网络之间的互联互通任务。所使用的设备包括各类 SIP 终端、有线和无线接入网关以及互联互通网关等，这些设备共同构成了用户与 IMS 网络的接口。

2. IP 多媒体核心网络层

IP 多媒体核心网络层承担着核心的多媒体业务环境的构建，不仅与分组交换域共享物理实体，还负责基本会话的控制，包括用户注册、SIP 会话路由控制及与应用服务器的交互。此层通过维护用户数据和管理业务的 QoS 策略，为所有用户提供一致的业务环境，并承载 IMS 系统的大部分核心功能实体。

3. 业务网络层

业务网络层通过增强逻辑应用的服务器、开放服务架构和 PARLAY 技术，为用户提供丰富的多媒体业务逻辑，不仅支持新兴的多媒体业务应用，还能实现传统电话业务的增值服务。通过这种多层次的架构设计，IMS 网络能够灵活适应多种业务需求，提升用户体验，并推动未来通信技术的发展。

（二）IMS 网络协议

IMS 网络协议是一种用于实现多媒体服务的架构，广泛应用于电信和互联网领域。IMS 网络协议的关键组成部分包括会话发起协议（SIP）、媒体传输协议（RTP）及相关的信令和控制协议。SIP 作为 IMS 的核心协议，负责建立、修改和终止多媒体会话。通过 SIP，用户可以方便地进行呼叫、视频会议和即时消息交流。IMS 还引入了多个功能组件，如媒体网关、应用服务器和用户数据库，这些组件共同协作，实现复杂的服务交付和管理。

IMS 的优势在于其高度的灵活性和可扩展性。由于其基于开放标准，IMS 能够与各种第三方应用和服务集成，促进创新和服务多样化。这种开放性不仅降低了运营商的服务成本，还提升了用户的选择和体验。IMS 还支持多种接入方式，包括移动网络、固定宽带和无线网络，使用户能够在不同设备和环境中享受一致的服务。

第六章　现代通信接入与
传送技术

如今，现代通信接入与传送技术正经历着前所未有的变革。光纤通信、无线通信及综合业务接入技术成为推动信息社会进步的关键力量。本章深入探讨高速光纤通信技术的最新进展，揭示无线通信的自由连接潜力，并全面研究综合业务接入技术如何促进多服务融合与优化，展现了现代通信技术的多元发展与应用前景。

第一节　高速数据传输的光纤通信技术

一、光纤

（一）光纤的主要结构

光纤作为光纤通信的核心传输介质，是一种截面微小、柔韧的透明长丝，具备在长距离内束缚和传输光信号的能力。光纤的基本结构包括纤芯、包层与涂敷层（或称保护层、防护层），它们共同构成了圆截面的介质波导。纤芯采用高度透明的材料制成，包层则通过略低于纤芯的折射率，形成光波导效应，从而使绝大部分光信号得以在纤芯中传输。涂敷层的存在主要为了增强光纤的柔韧性，并提供必要的机械保护。

为了进一步提升光纤的机械强度和抗外界环境的能力，通常在涂敷层外部再包覆一层热塑性材料，形成所谓的套塑层（或称二次涂敷层），以对光纤进行更有效的保护。在涂敷层与套塑层之间，通常还会填充一些缓冲材料，形成缓冲层（或称垫层），以吸收外界机械应力，避免光纤受到损伤。

（二）光纤的类别划分

1. 依据光纤构成的原材料进行划分

（1）石英系光纤。石英系光纤是以高纯度的二氧化硅（SiO_2）为主要材料，并通过掺杂不同的元素来调节折射率。掺锗和磷可以增加折射率，而掺硼和氟则能够降低折射率。这种光纤具有最低的损耗、最高的强度和可靠性，是当前光纤通信中应用最为广泛的类型。

（2）多组分玻璃光纤。多组分玻璃光纤通常由钠玻璃掺杂适量的杂质制成，尽管其损耗较低，但由于其可靠性不高，在实际应用中受到一定限制。

（3）塑料包层光纤。塑料包层光纤的纤芯由石英制成，包层由硅树脂构成。

（4）全塑光纤。全塑光纤是纤芯和包层均由塑料制成，这种光纤的损耗较大，且可靠性相对较低，因此在实际使用中并不广泛。

2. 依据光纤横截面的折射率分布进行划分

根据光纤横截面的折射率分布的不同，常用的光纤可以分成阶跃折射率分布光纤（简称阶跃型光纤）、渐变折射率分布光纤（简称渐变型光纤）和其他型光纤[①]。

（1）阶跃型光纤。阶跃型光纤（又称均匀光纤）具有恒定的纤芯折射率 n_1 和包层折射率 n_2，其折射率在纤芯和包层的界面上呈现出台阶式的突变。目前，大多数单模光纤以及早期的多模光纤都属于此类。

（2）渐变型光纤。渐变型光纤（又称非均匀光纤或梯度光纤）则不同，其包层折射率 n_2 是均匀分布的，但纤芯的折射率 n_1 随着纤芯半径 r 的增大而逐渐减小，呈现出非均匀且连续变化的特征。目前，大多数多模光纤均为渐变型光纤。

（3）三角型折射率光纤。三角型折射率光纤的纤芯折射率分布曲线呈三角形状，是一种新型单模光纤。

光纤还可以根据包层结构的不同进行进一步划分，如单包层型光纤、双包层型光纤和四包层型光纤等。最简单的类型是单包层光纤，而其他类型的光纤则多为新型单模光纤，随着技术的发展，光纤分类更强调其性能而非剖面的折射率特性。

3. 依据光纤中的传导模式数量分类进行划分

光纤是一种能够有效传输光信号的媒介，其传输性能在很大程度上取决于光纤内部的传播模式。光纤中的传播模式是指光在光纤中传播时的电磁场分布形式，即光信号在光纤中的传播路径和形态。能够在光纤中长距离传输且保持信号稳定的传播模式称为传导模式。依据光纤中传导模式的数量，可以将光纤分为单模光纤和多模光纤两类。

（1）单模光纤。单模光纤是指在光纤中仅传输一种模式，即基模（最低阶模式）的光纤类型。单模光纤的纤芯直径通常较小，约为 4～10 μm，包层直径为 125 μm。纤芯的折射率通常是均匀分布的，这种设计可以有效抑制高阶模式的出现，从而使得光信号仅沿基模传播。由于单模光纤仅传输基模，因此避免了模式色散现象，即不同传播模式间的相互干扰，这种特性使

---

① 夏林中，杨文霞，曹雪梅. 光纤通信技术 [M]. 北京：中国铁道出版社，2017：23-46.

得单模光纤具有极高的传输带宽，能够支持长距离、大容量的光纤通信。因此，单模光纤在现代高速光纤通信系统中占据着重要地位，尤其适用于要求高传输速率和低损耗的远距离通信场景。

（2）多模光纤。多模光纤是指在光纤中存在多个传导模式的光纤类型，即在一定的工作波长下，光信号可以沿着多种模式传播。多模光纤根据纤芯折射率分布的不同，可分为阶跃型多模光纤和渐变型多模光纤。

第一，阶跃型多模光纤。阶跃型多模光纤的纤芯直径一般为 50～70 μm，包层直径为 100～200 μm，其纤芯的折射率分布为均匀分布。这种光纤由于纤芯直径较大，能够支持更多的传播模式，但这种多模式的传播会引起模式色散，导致传输带宽的减小，传输容量也较小，因此其传输性能较差。

第二，渐变型多模光纤。渐变型多模光纤的纤芯直径通常也为 50～70 μm，其纤芯的折射率分布呈非均匀分布，折射率从纤芯中心向外逐渐减小。渐变型多模光纤通过这种折射率的渐变分布，可以减小模式色散，扩大传输带宽，因此具备更大的传输容量。渐变型多模光纤在 20 世纪 80 年代初期得到了广泛应用，成为当时光纤通信系统中主流的多模光纤类型。因此，通常所指的多模光纤主要是指渐变型多模光纤。

（三）光纤的传输特性

光脉冲信号在光纤中传输时，必然会受到传输介质自身特性的影响而发生信号的损耗与失真。其中，损耗与色散作为光纤传输的核心特性，对光信号的质量和通信系统的性能有着至关重要的影响。光信号在光纤中传播时，其能量会因光纤材料的吸收、散射等原因而逐渐衰减，即为损耗现象。这种现象直接限制了光信号的有效传输距离，因为过大的损耗会导致接收端无法有效恢复原始信号。此外，色散作为另一重要因素，主要表现为光脉冲信号在传输过程中不同频率成分的传播速度差异。由于光纤中不同波长的光信号传播速度不同，这种传播速度的差异会导致光脉冲信号在传输过程中发生展宽，从而造成信号波形的失真。色散效应使得原本窄脉冲的光信号在传输距离增加时逐渐展宽，导致相邻脉冲信号的重叠，最终引发码间串扰，严重影响系统的传输容量。

1. 光纤的色散特性

光纤色散是光信号在光纤中传输时由于不同频率和模式成分传播速度的差异所导致的一种信号畸变现象。具体而言，光纤色散主要表现为输入信号的不同成分在传输过程中到达接收端的时间先后不一，导致脉冲信号在时间轴上发生展宽。这种现象不仅影响了信号传输的完整性，而且容易引发码间串扰，从而增加误码率，降低信号传输的带宽。色散效应的存在对光纤通信系统的通信容量和传输距离构成了严重的限制，成为衡量光纤通信系统传输质量的重要指标之一。根据光纤色散的产生机理，可以将其分为模式色散、材料色散和波导色散三种类型。

（1）模式色散。模式色散又称模间色散，主要发生在多模光纤中。由于多模光纤中存在多个传输模式，即使光信号具有相同的波长，不同模式的光波在光纤中传播时仍然存在速度差异，因此会产生模式间的时延差异，导致到达接收端的时间不同。这种模式间时延差是导致模式色散的根本原因，模式色散的存在会显著降低多模光纤的传输带宽和信号质量。

（2）材料色散。材料色散则是由光纤材料的固有特性所决定的。光纤材料的折射率是波长的非线性函数，即光波的传输速度随波长的变化而变化。由于光纤通信中使用的光源并非单色光，而是具有一定光谱宽度的光波，不同波长的光波在光纤中传播时的速度不同，从而引起时延差异。这种时延差导致了光脉冲的展宽，进而形成材料色散。材料色散的程度与光源的光谱线宽以及材料色散系数成正比，采用光谱线宽较窄的光源可以在一定程度上减小材料色散的影响。

（3）波导色散。波导色散是由光纤结构引起的。当光纤的纤芯直径和折射率分布发生变化时，不同波长的光信号在光纤中的传播速度也会有所不同，从而导致波导色散。波导色散和材料色散共同作用，影响了单模光纤的传输特性。在实际应用中，为了降低色散对光纤通信的影响，通常通过优化光纤结构和选择适当的工作波长来抑制波导色散的产生。

2. 光纤的损耗特性

在光纤通信领域，光纤的损耗特性是一个关键的传输参数，它直接影响光纤通信系统的性能和中继距离。光纤损耗主要来源于两个方面：一是光纤材料本身的损耗；二是由于成缆、铺设以及作为系统传输线所引入的附加损耗。具体而言，光纤损耗包括吸收损耗、瑞利散射损耗、弯曲损耗、微弯损耗和接续损耗等，其中吸收损耗和瑞利散射损耗是最为重要的两种。

（1）吸收损耗。吸收损耗是指在光纤中传输的光波能量部分转化为热能，导致光功率下降的现象。这种损耗分为两部分：一是光纤材料固有的吸收，即本征吸收；二是由于杂质引起的吸收。本征吸收是指即使在纯净的光纤材料中也存在的吸收现象，其在石英玻璃中表现为两个吸收带，一个位于红外区，另一个位于紫外区。在 $1.0\sim1.6\ \mu m$ 波段范围内，本征吸收处于低谷。杂质吸收主要是由 OH^- 离子引起的，这些离子在光纤材料和制造过程中难以完全去除，残留在光纤中，导致在特定波长附近出现吸收谐振峰。为了减少杂质吸收的影响，光纤的工作波长通常选择在 $0.85\ \mu m$、$1.31\ \mu m$ 和 $1.51\ \mu m$ 附近，这些波长带被称为第一、第二、第三工作窗口。

（2）瑞利散射损耗。瑞利散射损耗则是由于光纤中存在的比光波波长还小的随机不均匀微粒引起的光波向各个方向散射，从而导致光波衰减。这种散射现象是光纤的本征特性，其产生的原因包括制造过程中材料密度的不均匀以及掺杂时材料组分浓度的涨落。当这些不均匀微粒的尺寸与光波长相近时，会引起折射率分布的微观不均匀，进而产生瑞利散射损耗。瑞利散射损耗是固有的，无法完全消除，但其损耗系数与光波长的四次方成反比，即随着光波长的增加，瑞利散射损耗会迅速降低。因此，为了减少瑞利散射损耗，光纤通信系统的工作波长通常选择在长波长段。

3. 光纤的非线性效应

在现代光纤通信系统中，随着光纤技术的不断进步，高输出功率的激光器和低损耗光纤的广泛应用，使得光纤中的非线性效应愈加显著。这种现象的产生主要源于光纤的结构特性，光纤中的光场集中在极为细小的纤芯中，导致场强非常高，同时低损耗光纤的使用使得这种高场强能够在长距离内保持，从而满足了非线性效应所需的相干传输条件。在当今的大容量、长距离光纤通信系统中，传输的光功率增大，使得非线性效应的问题变得更加突出。光纤中的非线性效应既有负面影响，也有潜在的积极作用：一方面，它可能引起传输信号的附加损耗、波分复用系统中信道间的串扰、信号载波的频移等问题；另一方面，这些效应也为开发新型光学器件，如光放大器、光调制器等，提供了新的思路。光纤中的非线性效应可以大致分为两类：受激散射效应和折射率扰动。

（1）受激散射效应。受激散射效应是光波在光纤介质中传播时，由于光子与介质分子相互作用而发生的一种现象。光波的一部分能量会偏离原本的传播方向，并且光波的频率也会发生变化。受激散射效应主要分为受激拉曼散射（SRS）和受激布里渊散射（SBS）两种形式。两者在本质上是相似的，即一个高能量的光子被散射成一个低能量的光子，同时产生一个能量为两者之差的新能量子。区别在于，受激拉曼散射的剩余能量转化为光频声子，而受激布里渊散射的剩余能量则转化为声频声子。此外，受激拉曼散射主要发生在前向散射，而受激布里渊散射则仅限于后向散射。

受激散射效应导致了光纤中入射光能量的降低，形成了一种额外的损耗机制。在低光功率条件下，受激散射效应的影响可以忽略不计；但当入射光功率超过一定阈值时，受激散射效应会随着光功率的增加而呈指数增长，进而对光纤通信系统的性能产生显著的影响。

（2）折射率扰动。在入射光功率较低时，可以认为光纤的折射率与光功率无关。然而，当入射光功率较高时，光纤的折射率将随光强度发生变化。

这种折射率的扰动主要引起以下四种非线性效应：

第一，自相位调制（SPM）。自相位调制效应是指当光场在光纤中传输时，光纤折射率会随光场强度而变化，进而引起光场相位随其强度的变化。这种相位的自发调制现象使得光脉冲的频谱发生展宽。在光脉冲的中心频率两侧，会出现不同频率的瞬时光频率，由此形成的瞬时光频率随时间变化的关系称为脉冲的频率啁啾。随着光脉冲在光纤中的传输，脉冲的不同部分将具有不同的频率，且这种频率啁啾会随着传输距离的增加而加剧。因此，自相位调制效应使得光脉冲沿光纤传输过程中不断产生新的频率分量，导致频谱持续展宽。

第二，交叉相位调制（XPM）。交叉相位调制是指当多个不同频率的光波在同一非线性介质中同时传输时，每一频率光波的强度调制都会引起光纤折射率的变化，进而影响其他频率光波的相位。这种相位调制的交叉效应不仅与各光波的自身强度相关，也与其他光波的强度有关，因此交叉相位调制效应总是伴随着自相位调制效应出现。交叉相位调制效应会使信号脉冲的频谱展宽，增加了系统中信号干扰的复杂性。

第三，四波混频（FWM）。四波混频是指四个不同频率的光波在非线性介质中相互作用，产生新的光波的现象。其形成机制是某一波长的入射光改变了光纤的折射率，从而导致不同频率光波之间发生相位调制，最终形成新的波长。四波混频效应对密集波分复用（DWDM）系统的影响尤为显著，成为限制系统性能的主要因素之一。由于四波混频效应会导致信道间产生新的频率分量，从而引起信道间的串扰，这对信号的完整性和通信系统的可靠性造成了很大的挑战。

第四，光孤子形成。在光纤中，当非线性效应和色散效应相互平衡时，能够形成一种特殊的光脉冲结构，即光孤子。光孤子的特殊性质在于它可以在长距离传输过程中保持脉冲形状和脉宽的稳定不变。这一现象使得光孤子成为实现无畸变长距离光纤传输的重要手段。通过调节光纤中的非线性效应与色散效应之间的平衡，能够实现孤子光脉冲的稳定传输，为未来光纤通信系统的优化提供了新的研究方向。

二、光纤通信

（一）光纤通信的主要特点

第一，传输容量大。单根光纤可以容纳成百上千个电话信道，这一能力远远超过了传统的电缆通信。光纤通信的传输容量之所以如此之大，主要得益于其使用的光波作为信息载体。光波的频率远高于电磁波，因此能够携带更多的信息。此外，通过采用波分复用（WDM）等先进技术，可以在同一根光纤中同时传输多种不同波长的光信号，从而进一步提高了传输容量。

在实际应用中，光纤通信的传输容量方面的进展比计算机存储容量和速度的进展还要快很多。这一特点使得光纤通信成为大数据时代信息传输的理想选择。无论是高清视频、大容量数据文件还是实时数据流，光纤通信都能轻松应对，满足现代社会对高速、大容量信息传输的需求。

第二，传输损耗小。以单模二氧化硅光纤为例，其损耗仅为约 0.2 dB/km。这意味着，在不进行信号放大的情况下，光信号可以沿着光纤传输几十千米的距离，而仍然保持较高的信号质量。光纤通信的低损耗特性主要得益于光纤的特殊结构和材料。光纤由高纯度的二氧化硅等材料制成，具有极高的透明度和低吸收率。此外，光纤的芯径非常小，通常只有几微米到几十微米，这使得光信号在传输过程中能够高度集中，减少了光线的散射和损耗。

第三，传输距离长。当需要传输非常长的距离时，可以采用光纤放大器对光信号进行放大，从而延长传输距离。光纤放大器是一种能够放大光信号能量的设备，它可以在不改变光信号频率和相位的情况下，提高光信号的幅度，从而延长传输距离。通过采用光纤放大器，光纤通信的传输距离可以达到数百甚至数千千米。这一特点使得光纤通信在跨国通信、洲际通信等领域具有显著优势。它不仅可以减少中继站的数量，降低传输成本，还可以提高通信系统的可靠性和稳定性。此外，光纤通信的长距离传输特性还为其在远程医疗、远程教育等领域的应用提供了可能。

第四，传输成本低。光纤通信的传输成本相对较低，这是由于其可以实现非常大的传输速率，从而使得传输每个比特的成本非常低。与传统的电缆通信相比，光纤通信在传输速率和传输容量方面具有显著优势。因此，在传输相同数量的信息时，光纤通信所需的设备和线路成本更低。此外，光纤通信的低损耗特性也降低了传输成本。由于光信号在光纤中传输时损耗较小，因此可以减少中继站的数量和功率消耗，从而降低了运营成本。同时，光纤通信的维护成本也相对较低。光纤光缆具有较长的使用寿命和较高的可靠性，减少了维护和更换的频率，进一步降低了成本。

第五，抗干扰性强。光纤通信具有很强的抗干扰性，这是由于其不受电磁干扰的影响。在传统的电缆通信中，电磁干扰是一个常见的问题。它可能导致信号失真、噪声增加甚至通信中断。然而，在光纤通信中，由于光信号在光纤中传输时不受电磁场的影响，因此可以有效地避免电磁干扰的问题。

光纤通信的抗干扰性强还体现在其对恶劣环境的适应能力上。无论是雷电、电磁脉冲还是其他电磁干扰源，都无法对光纤通信造成显著的影响。这使得光纤通信在军事通信、航空航天通信等领域具有显著优势。它可以在复杂的电磁环境中保持稳定的通信质量，确保信息的准确传输。此外，光纤通信的抗干扰性强还为其在工业自动化、智能交通等领域的应用提供了可能。在这些领域中，电磁干扰是一个常见的问题，而光纤通信可以有效地解决这一问题，提高系统的稳定性和可靠性。

第六，保密性好。光纤通信采用光波传输信息，因此具有很高的保密性。在传统的电缆通信中，信号容易被窃听或干扰。然而，在光纤通信中，由于光信号在光纤中传输时受到光纤的包层和涂覆层的保护，因此很难被外界窃听或干扰。此外，光纤通信还可以采用加密技术进一步提高保密性。通过在发送端对光信号进行加密处理，在接收端进行解密处理，可以确保信息的安全传输。这种加密技术可以有效地防止信息被窃听或篡改，保护用户的隐私和权益。

光纤通信的高保密性使得其在金融、政府、军事等领域具有广泛应用。这些领域对信息的保密性要求极高，而光纤通信可以满足这一需求，确保信息的安全传输和存储。

（二）光纤通信的工作波长

光波作为一种电磁波，其波长范围通常在微米级，频率范围为 10^{12}～10^{16} Hz，涵盖了紫外线、可见光及红外线等多个领域。在光纤通信中，所采用的工作波长主要集中在近红外区，具体范围为 0.8～1.8 μm。该波长范围可进一步细分为短波长波段（0.8～1.0 μm）和长波长波段（1.0～1.8 μm）两部分。

在实际应用中，光纤通信选择了两个波段的低损耗点作为工作波长。这些低损耗波长分别为短波长波段中的 0.85 μm，以及长波长波段中的 1.31 μm 和 1.55 μm。这三个波长被称为光纤通信的"通信窗口"，在光纤传输中具有重要意义。

首先，选择合适的工作波长对于提升光纤通信系统的传输效率和信号质量至关重要。低损耗特性确保了信号在长距离传输时能够减少衰减，进而提高通信的可靠性与稳定性。此外，不同波长的光信号在光纤中传播时，其损耗特性和色散特性各异，这要求在设计通信系统时，合理配置工作波长以优化信号传输性能。

其次，随着光纤通信技术的进步，长波长波段（尤其是 1.55 μm）的应用越来越广泛。这是由于该波长对应的损耗最小，适合大容量数据传输，因此成为现代长距离光纤通信的主要选择。此外，长波长波段的引入还促进了波分复用技术的发展，使得同一光纤上可以同时传输多个信号，从而显著提升了系统的整体传输能力。

三、光纤通信器件

（一）有源器件

1. 光发射机

在光纤通信系统中，光发射机的作用是将电信号变换成光信号，然后送入光纤线路进行传输。光发射机的组成主要包括输入电路（输入盘）和光/电转换电路（发送盘）两大部分。

（1）输入电路。

第一，均衡器。对于使用不同速率的光端机，原 CCITT 规定了系列数字接口的码型，以 2.048 Mbit/s 为基群速率的数字系列各比特率所规定的接口码型见表 6-1[①]。

表 6-1　数字复接等级对应的接口码型

群路等级	一次群（基群）	二次群	三次群	四次群
接口速率（Mbit/s）	2.048	8.448	34.368	139.264
接口码型	HDB_3	HDB_3	HDB_3	CMI

由 PCM 端机送来的 HDB_3 或 CMI 码流首先要进行均衡，用以补偿由电缆传输所产生的衰减或畸变，以便正确译码。

第二，码型变换和复用。码型变换的主要功能是将均衡器输出的 HDB3 码或 CMI 码转换为二进制单极性码，即 NRZ 码。这一转变有助于简化后续的信号处理流程，使得数据在处理和传输过程中更加便捷。通过将复杂的三值或 RZ 码简化为单极性二进制码，能够有效降低后续电路的复杂性，提高

[①] 本节图表引自夏林中，杨文霞，曹雪梅.光纤通信技术［M］. 北京：中国铁道出版社，2017：23-46.

系统的整体效率。

第三，扰码。在信码流中，若出现长时间的连续"0"或"1"，将对时钟信号的提取产生不利影响。因此，系统需要引入扰码电路，以有规律地打破长连"0"或长连"1"的模式。扰码的作用在于确保信号中"1"和"0"的出现概率相对均衡，从而避免因长时间同一状态而导致的时钟同步问题。该措施不仅增强了信号的随机性，也为后续时钟提取提供了必要的条件。

第四，编码。编码是对经过扰码处理的信码流进行转换，使其符合传输线路的特定码型要求。编码不仅要考虑信号的有效性，还需兼顾抗干扰能力与传输效率。通过适当的编码方式，可以提高信号在传输过程中的可靠性，确保信息能够准确无误地到达目的地。

第五，时钟提取。在整个信号处理链中，时钟提取至关重要。由于码型变换和扰码过程均依赖于时钟信号，因此在均衡电路之后，需通过时钟提取电路提取出 PCM 中的时钟信号，以供后续各个电路使用。时钟提取的准确性直接影响到信号的同步性与完整性，确保系统在高效运行的同时，能够稳定地维护信号的质量。

（2）电/光转换电路。

第一，光源。光源作为发射机的关键器件，对光发射机的性能具有决定性影响。其主要功能是将电信号转化为光信号。对于光纤通信系统，光源需满足以下要求：

发射波长：光源的发射波长必须与光纤的低损耗窗口相一致，具体中心波长应在 0.85 μm、1.31 μm 和 1.55 μm 附近。此要求是为了最大程度地减少信号在光纤中的损耗，提高传输效率。

电/光转换效率：光源需具备高电/光转换效率，确保在较低的驱动电流下输出足够大且稳定的光功率，以满足系统中继距离的需求。一般情况下，输出功率应在数十微瓦至数微瓦之间。

光谱线宽：光源应具备窄光谱线宽，以减小光纤色散对信号传输质量的影响。光谱的单色性越好，传输效果越佳。

调制方法及响应速度：光源的调制方法应简单且响应速度要快，以满足高速率传输的需要。这一要求确保了在高速通信中信息的实时性。

耦合效率：光源与光纤之间的耦合效率也至关重要。当光纤数值孔径一定时，光源的发射角应较小，以提高光的方向性，确保能量有效地注入光纤。

物理特性：光源应具备体积小、重量轻、寿命长等优良特性，并且能够在室温下稳定工作，工作寿命一般要求在 10 万小时以上。

目前，主要有半导体激光器（LD）和半导体发光二极管（LED）满足上述要求，分别应用于不同的光纤通信系统中作为发射机的光源。

第二，光源驱动与调制电路。光源驱动与调制电路是电/光转换电路的核心，负责将经过编码后的数字信号用于调制发光器件的发光强度，从而完成电/光转换的任务。光调制的过程是利用待发送的电信号控制光载波的某一参量（如光强度），使其携带发送信息。光调制主要分为以下两大类：

直接调制：直接调制适用于 LED 和 LD，通过将要传送的信息转变为电流信号注入光源，从而获得相应的光信号。这种方法是经济且易于实现的，在光纤通信系统中广泛应用。然而，直接调制会导致激光器的动态谱线加宽，进而增加单模光纤的色散，限制光纤的传输容量。因此，在高速长距离光纤通信系统中，通常采用间接调制的方法。

间接调制：间接调制利用晶体的电光效应、磁光效应、声光效应等特性对激光辐射进行调制，主要通过在激光形成后加载调制信号来实现。这一方法的优点在于能够有效控制光信号的特性，提升系统的稳定性。

第三，控制电路。LD 作为高速传输的理想光源，其输出光信号的稳定性显得尤为重要。LD 对温度变化非常敏感，且随着激光器的老化，其输出功率也会下降。控制电路的作用在于消除温度和器件老化对光信号的影响，主要采用自动温度控制（ATC）和自动光功率控制（APC）等技术手段。温度变化和器件老化会导致 LD 的不稳定，表现为激光器的阈值随时间和温度变化而波动，进而影响输出光功率。此外，激光器的发射中心波长在温度升高时会向长波长漂移。因此，控制电路的设计必须有效应对这些因素，以确保输出光信号的稳定性。

第四，辅助电路。

光源过流保护电路：为了防止光源因大电流而损坏，通常需设立光源过流保护电路。常见的措施是在光电二极管上反向并联一只肖特基二极管，以避免反向冲击电流过大。

无光告警电路：当光发射机电路发生故障，或输入信号中断，或激光器失效时，可能导致激光器长时间不发光。此时，延迟告警电路能够及时发出告警指示。

LD 偏流（寿命）告警：随着光发送盘中 LD 管使用时间的增加，其阈值电流逐渐上升。此时，工作偏流通过 APC 电路的调整也会增加。一般认为，当偏流超过原始值的 3～4 倍时，激光器寿命将结束。因此，发出延迟维修告警信号以提示维护。

2. 光接收机

光接收机是光纤通信系统中的核心组件，其主要功能是接收经过光纤传输后衰减的微弱光信号，并将其转换为电信号以供后续处理。光接收机的设计与性能直接影响到整个光纤通信系统的效率与可靠性。

（1）光电检测器。光电检测器是光接收机的基本部件，其作用在于将接收到的光信号转换为电信号。在现代光纤通信系统中，主要使用两种类型的光电检测器：半导体 PIN 光电二极管和雪崩光电二极管（APD）。PIN 光电二极管因其结构简单和响应速度快而被广泛应用，而 APD 则因其高增益特性在低光强环境中展现出优越的性能。光电检测器的选择对信号的转换效率和质量至关重要。

（2）前置放大器。由于光电检测器输出的光电流通常十分微弱，因此在一般的光纤通信系统中，必须通过前置放大器将其放大。前置放大器的设计要求低噪声和高增益，以确保信号的信噪比达到最佳状态。在实际应用中，前置放大器输出的电信号通常在毫伏级别。在放大过程中，需要注意放大器自身引入的噪声，例如热噪声和散弹噪声，这些噪声可能会显著影响信号的质量。

（3）主放大器。光接收机中的前置放大器输出信号往往无法满足幅度判决的需求，因此还需设置主放大器以进一步放大信号。主放大器一般为多级放大器，主要有两个功能：一是将前置放大器输出的信号放大至适合判决电路的电平；二是通过自动增益控制电路调整增益，以应对输入信号的波动，确保输出信号幅度保持在一定范围内。主放大器的峰—峰值输出通常在几伏的数量级，且在实际设备中通常由集成电路构成。

（4）均衡器。均衡器在光接收机中的作用是将接收到的信号波形调整为有利于判决的形态，例如升余弦频谱脉冲。经过均衡处理的波形具有以下特点：在本码判决时刻，波形的瞬时值达到最大值，而在邻码判决时刻的瞬时值应为零。这样，即使波形存在拖尾，拖尾部分在邻码判决时恰好为零，从而不干扰邻码的判决。这一特性对于提高判决的准确性至关重要。

（5）判决器和时钟恢复电路。判决器由判决电路和码形成电路组成，二者共同构成脉冲再生电路，其主要任务是将均衡器输出的信号恢复为数字信号"0"或"1"。在判决过程中，需要提取出信号中的时钟信号，以确定判决的时刻。根据设定的判决门限电平，判决器会根据时钟信号所指定的瞬间进行判决：若信号电平超过门限，则判为"1"；若低于门限，则判为"0"。这一过程是将均衡器的输出信号有效再生为数字码的关键步骤。

（6）自动增益控制。光接收机的自动增益控制采用反馈环路技术，调节主放大器的增益。在使用雪崩管的接收机中，还通过控制雪崩管的高压来影响其雪崩增益。当接收到的信号较强时，反馈环路将降低增益；当信号变弱时，增益则会提高。此机制显著增强了光接收机的动态范围，使接收信号更加稳定，从而提升判决的准确性。

（7）解码、解扰码、解复用和码型变换电路。光接收机不仅需要将接收到的信号进行放大和判决，还需对信号进行解码、解扰码、解复用和码型变换，以确保信号能够高质量地传输。光发射机输出的信号经过编码、扰码和复用处理后，传输至接收机。在接收机中，信号经过一系列的处理后，需复原为原始信号格式，以便于终端设备的进一步处理。这一过程由解码、解扰码、解复用和码型变换电路完成，是确保信息传递准确无误的重要环节。

3. 光中继器

由于发送光功率、光接收机的灵敏度、光纤损耗和色散等因素的影响，光脉冲信号在传输过程中会出现幅度衰减和波形失真。这些现象限制了光脉冲信号在光纤中的长距离传输，因此，为了延长通信距离，通常需要在信号传输一定距离（数十至数百千米）后，引入光中继器，以补偿光能的衰减并恢复信号脉冲的形状。

光中继器的构成主要包括光接收设备和光发送设备。当前，普遍采用的为间接光中继方式。这种中继方式并不能直接对光信号进行放大，而是通过光-电-光的转换过程实现信号的再生。具体而言，首先由光电检测器接收经过光纤传输后衰减的光信号，并将其转换为电信号。接着，该电信号经过放大和再生处理，以恢复为原始的数字电信号，最终再驱动光源以生成新的光信号，从而将其送入光纤。

此外，为确保光中继器的正常工作，并便于监控和维护，通常还配备电源、公务、告警和监控等辅助设备。有些光中继器还设有区间通信接口，以提供一定的区间通信能力。这些配备对于光中继器的稳定运行和故障处理具有重要意义。

在光纤线路中，光信号的传输是双向的，因此光中继器必须具备对每个传输方向的中继能力。这就要求光中继器内设有两套独立的收发设备，一套用于发送信号，另一套用于接收信号。同时，公务部分则是共享的，这样的设计确保了光中继器在实现双向通信时的高效性和灵活性。

（二）无源器件

在光纤通信系统中包含了很多无源器件，即无须提供能源就可运行的光通信器件，主要如下：

1. 光纤耦合器

（1）耦合器的物理结构。光纤耦合器作为一种重要的无源光器件，主要功能是将一个或多个光输入信号分配至一个或多个光输出端，实现光信号的分路与合路。其耦合机理基于光纤消逝场的模式理论，因而多模光纤与单模光纤均可被应用于耦合器的制造。光纤耦合器的物理结构主要有拼接式和熔融拉锥式两种形式。

第一，拼接式耦合器。拼接式耦合器通过将光纤埋入预先加工的玻璃块中的弧形槽内实现耦合。具体过程包括对光纤侧面进行研磨和抛光，之后将两根经过处理的光纤拼接在一起。在这一过程中，耦合的实现依赖于光纤核心与包层界面处的消逝场，通过这一界面，部分光信号得以转移至另一根光纤中。拼接式耦合器的优点在于其构造相对简单，且可以有效地实现光信号的传递。

第二，熔融拉锥式耦合器。熔融拉锥式耦合器的制造过程则相对复杂，它通过将两根或多根光纤进行扭绞处理，并对耦合部分加热至熔融状态，随后拉伸形成双锥形耦合区。这种耦合器的结构形式多样，包括分路器、合路器、分波器、合波器以及四端口耦合器等。熔融拉锥式耦合器的优势在于其紧凑性与高效性，尤其适合用于多模光纤的应用。

（2）常用耦合器的类型。在光纤通信领域，常用的耦合器类型主要包括熔拉双锥星形耦合器、集成光波导型耦合器和激光可变输出耦合器。

第一，熔拉双锥星形耦合器。熔拉双锥星形耦合器是一种 $N \times N$ 耦合器，功能在于将 N 个输入光纤的功率进行混合并均匀分配至 N 根输出光纤。这种耦合器可用作多端功率分路器或功率组合器。传统的星形耦合器一般由多个 2×2 耦合器组合而成，但此类组合方式往往导致元件数量增多、体积庞大等缺点。而熔拉双锥星形耦合器则通过将多根光纤部分熔化并拉伸，形成双锥形结构，从而在保证耦合效率的同时，显著减少了体积。这种耦合器适用于多模光纤，但制作单模光纤星形耦合器的难度较大，通常需要组合多个 2×2 单模光纤耦合器来实现。

第二，集成光波导型耦合器。集成光波导型耦合器是通过沉积、光刻、扩散等工艺技术实现的。这种耦合器的制备过程包括在衬底上镀膜，随后在镀膜层上进行刻蚀，以形成所需的光波导结构。通过扩散工艺，光刻形成的膜层能够在衬底内形成光波导，从而实现光信号的有效耦合。该类型耦合器的优势在于其高集成度与小型化，适合于现代光通信系统的需求。

第三，激光可变输出耦合器。激光可变输出耦合器主要由两块斜面相靠近的等腰直角棱镜构成。当激光束射入棱镜并在斜面上形成入射角大于临界角的条件下，会在两块棱镜相邻斜面之间的空气间隙中形成隐失波场。该波场具备耦合作用，使得光波可以从一块棱镜透射到另一块棱镜。激光的透射量大小与两斜面间空气间隙的大小密切相关，因此，可以通过调节该间隔来制作出激光可变输出耦合器。这种耦合器在光信号调节与控制方面具有广泛的应用前景。

2. 光纤连接器

光纤连接器作为实现光纤之间可拆卸连接的重要元器件，广泛应用于光通信、局域网、光纤到户、高质量视频传输、光纤传感及测试仪器等领域。其主要功能在于将两根光纤的端面精密对接，以便最大限度地耦合发射光纤输出的光能量到接收光纤中。因此，光纤连接器被称为"活接头"，并在光系统中占据了极其重要的地位。

（1）光纤连接器的种类。光纤连接器种类繁多，结构各异。然而，从基本结构上来看，绝大多数光纤连接器均由两个插针和一个耦合管三个部分组成。常见的光纤连接器类型包括 FC 型、SC 型和 ST 型。

第一，FC 型光纤连接器。FC 型连接器外部采用金属套加强，紧固方式为螺钉扣。其结构简单、操作方便且制作容易，但光纤端面对微尘敏感，容易产生菲涅耳反射，从而导致回波损耗性能提高。为此，FC 型连接器在其设计上进行了改进，采用了对接端面呈球面的插针（PC），在保持外部结构不变的前提下，显著提高了插入损耗和回波损耗性能。

第二，SC 型光纤连接器。SC 型光纤连接器的外壳呈矩形，其插针与耦合套筒的结构尺寸与 FC 型完全相同。该类型连接器的插针端面多采用 PC（凸球面）或 APC（斜面）型。其紧固方式采用插拔销闩式，免去旋转操作，具备价格低廉、插拔操作方便、介入损耗波动小、抗压强度高以及安装密度高等优点。

第三，ST 型光纤连接器。ST 型光纤连接器则采用圆形卡口式结构。通过接头插入法兰盘压紧并旋转一定角度即可固定插头。这一设计使得连接器在使用时能够施加一定的压紧力，从而确保光纤端面的稳定接触，进而提高耦合效率。

（2）光纤连接器的基本性能要求。

第一，光学性能。光纤连接器的光学性能要求主要体现在插入损耗和回波损耗上。这两个参数直接影响光信号的传输效率，因而是光纤连接器设计和应用的核心指标。此外，光学不连续性、串音、环境光敏感性和带宽等参数也需予以关注。

第二，互换性与重复性。作为通用的无源元器件，光纤连接器通常具有良好的互换性。对于同一类型的光纤连接器，用户可以任意组合使用，且重复使用次数通常可达数百次，附加损耗一般小于 0.2 dB。这一特性使得光纤连接器在光通信系统中具备了较高的灵活性与经济性。

第三，机械性能。光纤连接器的机械性能包括轴向保持强度、端接保持力、连接和分离力（力矩）、撞击、扭转、光缆保持力、抗挤压、外部弯曲力矩、振动、冲击以及静态负荷等。不同的使用情况对光纤连接器的机械性能要求有所不同。机械耐久性方面，现代光纤连接器一般能够承受超过 1 000

次的插拔操作，确保在日常应用中的可靠性。

第四，环境性能。环境性能要求光纤连接器能够在高温、温度冲击、潮湿、砂尘、臭氧暴露、腐蚀（盐雾）、易燃性等恶劣环境条件下正常工作。这要求制造光纤连接器的材料具备良好的抗环境干扰能力，以确保其在多种工作环境中的稳定性。

（3）光纤连接器的主要损耗。光纤连接器的主要损耗有固有损耗和外部损耗。

第一，固有损耗。固有损耗主要源于光纤公差引起的误差，包括光纤在制造过程中纤芯尺寸、数值孔径、同心度及折射率分布等参数的偏差。这些因素导致光纤在连接时的能量传输效率下降，形成一定的固有损耗。

第二，外部损耗。外部损耗则是在光纤连接器的装配过程中引起的，包括光纤端面间的间隙、光纤轴向倾角及端面加工不平整等因素。这些因素在连接时造成的光损耗，是光纤连接器在实际应用中需重点关注的损耗类型。

3. 光环形器

光环行器是一种具有多端口特性的非互易光学器件，其基本功能与光隔离器类似，皆为单向传输器件。光环行器通常具有 N 个端口，能够有效地引导光信号的传输方向，进而实现信号的无损传输，如图 6-1 所示。

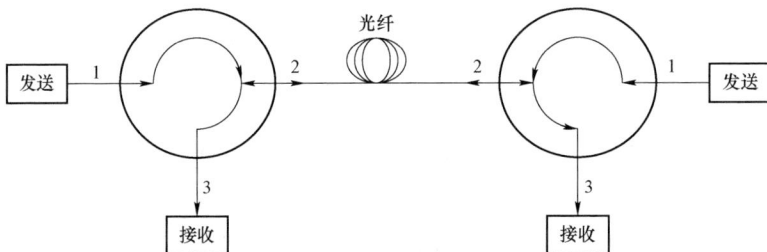

图 6-1　光环形器

当光信号从端口 1 输入时，光环行器几乎无损耗地将光信号输出至端口2，而其他端口几乎不产生光输出。这一特性体现了光环行器的优越性，即其能够在多个端口中选择性地引导光信号，确保所需端口的信号传输效率。进一步而言，当光信号从端口 2 输入时，光环行器同样能够几乎无损耗地将信号输出至端口 3，其他端口依然处于不发光状态。这一机制形成了光环行器中端口间的连续通道，使得信号能够按设定路径顺利传输。

若从端口 3 输入的光信号能够由端口 1 输出，则称该装置为环行器；反之，若端口 3 输入的光信号无法由端口 1 输出，则称为准环行器。然而，在实际应用中，学界和工程界通常并不对这两者做严格区分，普遍称之为环行器。

光环行器的工作原理与光隔离器相辅相成。在实际应用中，常常将多个光隔离器组合在一起，以构成只允许单一方向传输的光环行器。这一设计有效地增强了光信号的传输稳定性，降低了反向干扰的可能性，从而提升了光通信系统的整体性能。

4. 光滤波器

光滤波器是用来进行波长选择的器件，它可以从众多的波长中挑选出所需的波长，而除此波长以外的光将会被拒绝通过。它可以用于波长选择、光放大器的噪声滤除、增益均衡、光复用/解复用等场合。在实际应用中，用到最多的是法布里-珀罗（Fabry-Perot，F-P）滤波器。

要解释 F-P 滤波器的工作原理，首先要了解 F-P 干涉仪的工作原理。F-P 干涉仪由两块相互平行的平面镜组成，其中一块平面镜固定，另一块可以相对于固定平面镜移动，从而改变两面镜子的间距。当入射光经过由该两面镜子构成的谐振腔并反射一次后，再次聚焦在输出镜面上，就会发生干涉现象。可以利用这个原理来选择不同波长的光通过该干涉仪，如图 6-2 所示。

在实际应用中，上述结构的干涉仪构成的滤波器体积大，使用起来不方便。为此，人们发明了光纤 F-P 滤波器，如图 6-3 所示，其中两根光纤的端面就是两面镜子。其工作原理是将光纤固定在压电陶瓷上，再将外电压加载到陶瓷上，电压的不同将致使陶瓷产生电致伸缩作用，这样就可以改变光纤端面构成的谐振腔的腔长，从而可以从复用信道中提取所需要的信道。该种结构的滤波器可以做得非常小，因而其应用面更广泛。

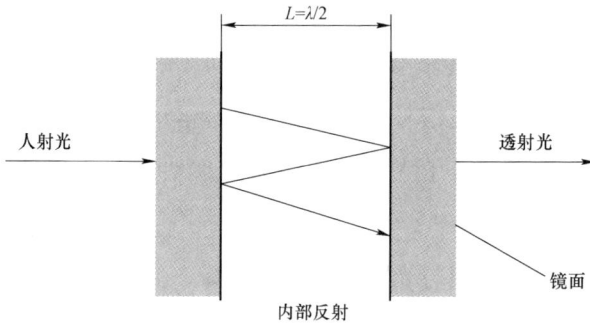

图 6-2   F-P 干涉仪的工作原理

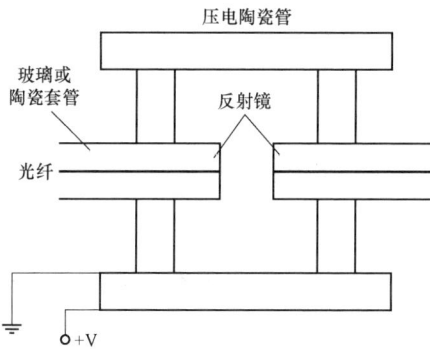

图 6-3   光纤 F-P 干涉仪

对于无源 F-P 滤波器，因为滤波器只能允许满足谐振腔单纵模传输的相位条件的频率信号通过，所以传输特性与波长有关。它具有多个谐振峰，每两个谐振峰间的频率间距为：

$$\Delta f_L = \frac{c}{2nL} \tag{6-1}$$

式中：L——谐振腔长度；

c——真空中心光速；

n——构成 F-P 滤波器的材料折射率；

192

Δf_L——滤波器的自由光谱区 FSR。

假设滤波器设计成只允许复用信道中的一个信道通过，当 $f_i = f_1$ 时，f_i 才可以被允许通过，而其他信道被抑制住了，无法通过。F-P 滤波器有很多优点，它的调谐范围宽、通带可以做得很窄、可以做到与偏振无关，同时还可以集成在系统内，从而减小耦合损耗。它的不足之处是调谐速度较慢。

5. 衰减器

光衰减器是一种无源光器件，旨在稳定且准确地减小信号光功率，广泛应用于调整中继段的线路衰减、测量光系统的灵敏度以及校正光功率计等方面。根据其衰减特性，光衰减器可分为固定衰减器和可变衰减器两种类型。

（1）固定衰减器。固定衰减器的衰减值是固定不变的，主要用于调节传输线路中特定区域的光损耗。由于其衰减值的恒定性，固定衰减器在某些应用场景中能够提供稳定的信号衰减效果。

（2）可变衰减器。可变衰减器的衰减值则可以在一定范围内进行调节。可变衰减器又可进一步细分为连续可变和分档可变两种类型。连续可变衰减器允许用户在广泛的衰减范围内进行细微调节，而分档可变衰减器则提供几个预设的衰减级别，以便于根据具体需求进行选择。

6. 光开关

光开关作为光纤通信系统中实现光信号交换的基本元件，其功能在于转换光路，以实现光信号的灵活控制。在光通信领域，光开关不仅在光路监控系统和光纤传感系统中发挥着重要作用，更是推动光纤通信向全光化发展的关键技术之一。尽管光传输器件已实现从光—电—光（O-E-O）到光—光—光（O-O-O）的转变，但光交换器件，包括光交叉连接器、光分插复用器以及光开关等，仍然以光电混合为主，尚未完全实现全光化。

光开关的作用主要分为三类：首先，能够切断或开通某一光纤通道的光信号；其次，能够将特定波长的光信号从一个光纤通道转换到另一个光纤通道；最后，能够在单一光纤通道内实现不同波长光信号之间的转换，即波长转换器的功能。

光开关的性能参数包括插入损耗、回波损耗、隔离度、串扰、工作波长、消光比和开关时间等。这些参数中，有些与其他光通信器件的定义相同，而有些则是光开关特有的。目前，光开关主要分为机械光开关和电子光开关两大类。

（1）机械光开关。机械光开关，特别是基于微机电系统（MEMS）技术的微机电光开关，已成为密集型光波分复用（DWDM）网络中实现大容量光交换技术的主流选择。MEMS 光开关通过在半导体衬底材料上利用传统半导体工艺制造出可动的微反射镜阵列，通过热力、磁力或静电效应产生的驱动力，实现输入光信号到不同输出光纤的切换。这种 MEMS 光开关的反射镜尺寸通常为 $140\ \mu m \times 150\ \mu m$，具有体积小、消光比大、对偏振不敏感、成本低和插入损耗小（小于 1 dB）等优点，其开关速度大约为 5 ms。

（2）电子光开关。电子光开关的优点是开关时间短（毫秒到亚毫秒量级），而且体积非常小，易于大规模集成；其缺点是插入损耗、隔离度、消光比和偏振敏感性指标比较差。利用电光效应原理也可以构成波导光开关。例如，可以由两个 Y 形 $LiNbO_3$ 波导构成马赫-曾德尔光开关，在理想的情况下，输入光功率在 C 点平均分配到 A、B 两个分支，在经过 A、B 两个分支后汇聚于 D 点，此时输出幅度与两个分支光通道的相位差有关。当相位差 $\phi = 0$ 时，D 点获得最大输出功率；当 $\phi = \pi/2$ 时，两个分支中的光场相互抵消，此时输出功率最小。而在此系统中，相位差的改变由外加电场控制。具体原理如图 6-4 所示。

7. 复用器

自 20 世纪 70 年代末至 80 年代初，光纤通信技术迅速崛起，成为现代通信网络的骨干力量，承担着数据传输的主要任务。随着社会进步和人们对高速数据传输需求的增长，信息流量呈指数级增长，对通信网络带宽提出了更高的要求。为了满足日益增长的信息传输需求，扩大通信容量成为亟待解决的问题。波分复用（WDM）技术应运而生，其核心原理在于在单根光纤中同时传输多个不同波长的光信号，从而显著提升光纤的传输容量。

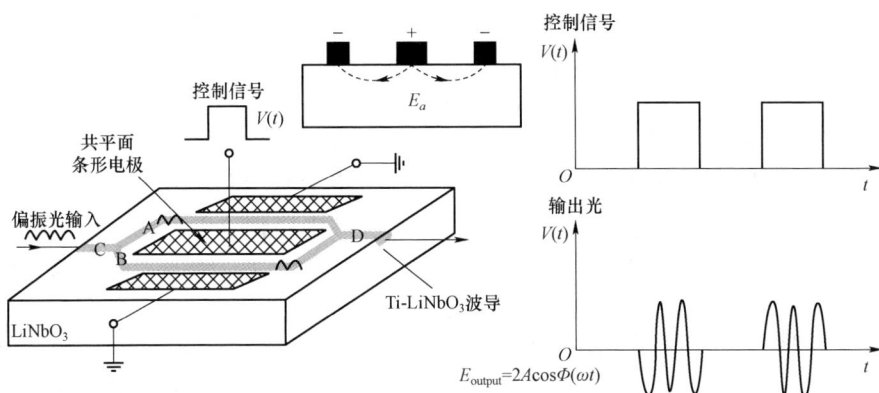

图 6-4　马赫-曾德尔干涉仪光开关

在 1 550 nm 波段，光波的频率间隔与波长间隔呈现出近似线性关系。例如，100 GHz 的频率间隔在波长上大约对应 0.8 nm 的宽度，而 50 GHz 的频率间隔则对应 0.4 nm 的宽度。基于此，当波长间隔约为 20 nm 时，该技术被称为粗波分复用（CWDM）；而当波长间隔小于或等于 0.8 nm 时，则称为密集波分复用（WDM）技术。CWDM 与 DWDM 的主要区别体现在以下方面：

通道间隔：CWDM 的载波通道间隔较宽，通常在一根光纤上复用的波长数不超过 18 个，因此被称为"粗"波分复用；而 DWDM 则允许更密集的波长复用。

激光调制方式：CWDM 通常采用非冷却激光，通过电子调谐实现波长选择；DWDM 则使用冷却激光，通过温度调谐来选择波长。由于温度调谐在宽波长范围内实现难度大、成本高，CWDM 通过避免这一难点，显著降低了系统成本。

系统特性：CWDM 具有低成本、低功耗和小型化的特点，使得其在某些应用场景下更具优势。

WDM 技术通过在发送端将不同波长的光载波信号复用，并在接收端通过解复用器分离，实现了在同一光纤中传输多个不同波长的光信号。这种技术能够显著提升光纤的传输能力，对通信网络进行容量扩展。

传统的光纤通信系统通常在一根光纤中传输单一光信号，这种方式仅利用了光纤带宽资源的一小部分。为了充分利用光纤的带宽资源，DWDM 技术作为新一代光纤通信技术的核心，特点主要包括：①超大容量：DWDM 技术能够使单根光纤的传输容量成倍、数十倍甚至数百倍地增长。②数据透明传输：DWDM 系统根据光波长的不同进行复用和解复用，与信号速率和电调制方式无关，实现了对数据的透明传输。③保护投资：在网络升级时，DWDM 技术允许在不改造光缆线路的情况下，通过更换光发射机和光接收机来实现扩容。④组网灵活性、经济性和可靠性：WDM 技术简化了网络结构，提高了网络的灵活性、经济性和可靠性。⑤兼容全光交换：WDM 技术是实现全光网络的关键技术之一，能够与未来的全光网兼容，为实现透明的、具有高度生存性的全光网络提供了可能。

第二节　自由连接的革命——无线通信技术

一、无线通信系统

无线通信系统的基本构架可分为单工通信与双向通信。单工通信系统仅支持单向信息传输，信息的流向为从发射器到接收器，广播系统即为此类系统的典型代表。此类系统的特点在于其每个发射器可以对应多个接收器，实现了信息的广泛传播。

大多数无线通信系统的研究重点在于双向通信，除非特别指明，否则通常默认为双向通信。双向通信允许信息在两个方向上同时进行交换，称为全双工通信。全双工通信的经典例子是普通电话，在通话过程中，通话双方可以同时进行语言交流，尽管这种情况并不频繁。此外，存在一种不要求双向同时传输信息的通信形式，即半双工通信。无线电台和步话机的通信模式便是半双工通信的具体体现。在此类系统中，操作员需按下按钮以开始讲话，释放按钮后才能接听。这种方式的优势在于通过共享同一信道进行双向通信，从而有效节省带宽资源。同时，由于半双工系统将一些电路部件集成于收发器中，以实现接收与发射的双重功能，因此其成本相对较低。然而，这种设计也不可避免地牺牲了全双工通信所具有的自然交流特性。

全双工与半双工通信系统主要适用于两个用户之间的直接通信。然而，当多个用户同时进行通信，或当两个用户因距离过远而无法直接通信时，便需依赖更为复杂的通信网络结构。在众多网络形式中，最常用且基础的无线通信架构是星形网络。在此种网络中，位于中心位置的集线器类似于中继器，配置有发射器和接收器。该集线器在天线位置选择上进行了优化，以确保能够有效地将来自一个移动无线设备的信号中继至另一个移动无线设备。此外，中继器还能够连接至有线电话或数据网络，进一步扩展了通信的可能性。

二、信号和噪声

每个通信系统在多方面展现出独有的特征，然而，在信号传输与噪声干扰这两个核心方面却存在共性。首先，所有通信系统均依赖信号传输来承载有用信息，其有效性直接影响信息的传递质量。其次，噪声源的存在不可避免，噪声会在系统中引入干扰，导致信号失真，从而降低通信质量。因此，确保信号与噪声之间的比例保持在足够高的水平，成为通信系统设计的基本任务。该比例被称为信噪比（SNR），通常以分贝（dB）为单位进行表述，作为评估通信系统性能的重要指标，信噪比的高低直接关系到信息传递的清晰度与可靠性。

（一）信号调制

假设需要将一个高频信号调制到一个低频基带信号上，正弦波的一般方程如下：

$$e(t) = E_c \sin(\omega_c t + \theta) \qquad\qquad (6\text{-}2)$$

式中：$e(t)$——瞬时电压，为时间的函数；

E_c——载波的峰值电压；

ω_c——载波频率（rad/s）；

t——时间（s）；

θ——相位角（rad）。

从式（6-2）可以看出，一个正弦波只有幅值 E_c，频率 ω 和相位角 θ 三个可变参数。这三个参数可以相互独立或同时发生变化。例如，在数字通信中，信号的幅值与相位角常常需要同时调整。这一调制过程使得正弦波信号的波形变得更加复杂，导致信号中包含多种频率成分，从而占用更大的带宽。此现象对带宽的需求提出了更高的要求，影响了系统的设计与性能。

（二）信号噪声

如果伴随信号的噪声强度过高，导致从发射器传输到接收器的信号难以有效提取，则该信号的发送将被视为失败。所有电子系统都不可避免地受到噪声的影响，而噪声的来源多种多样。其中，热噪声是主要的噪声源之一。任何材料在绝对零度以上的温度下，其分子的随机运动会产生热噪声。这种噪声不仅干扰信号传输，还对通信系统的性能产生显著影响，因此在设计与优化电子系统时，必须考虑噪声的影响。系统运动时的热噪声功率与其带宽成正比：

$$P_N = kTB \qquad\qquad (6\text{-}3)$$

式中：P_N——噪声功率（W）；

k——$k = 1.38 \times 10^{-23}$（J/K），为玻耳兹曼常数；

T——绝对温度值（K）；

B——噪声功率带宽（Hz）。

"带宽"指的是所观测到的噪声的频率范围。如果系统的带宽是无限的，则从理论上来说其噪声功率也将是无限的。当然，实际的系统不可能有无限的带宽。

（三）信噪比

在任何通信系统中，维持合理的信号功率与噪声功率之比至关重要。提高信噪比的两种主要方法包括增加信号功率和减少噪声功率。然而，过度增加信号功率可能导致问题，特别是在便携式及电池驱动设备中。相较之下，减少噪声功率要求对带宽进行限制，并尽可能降低系统温度。系统带宽需足够宽以容纳信号带宽，同时也不应过于宽泛。因此，在固定的功率与带宽条件下，某些信号调制方案在信息传输效率上优于其他方案。这一现象表明，优化信噪比的策略必须综合考虑信号与噪声的特性，以实现最佳的通信效果。

三、频率域信号

（一）信号的有限带宽

许多信号在理论上具备无限大的带宽，但对信道频率响应的限制将去除部分频率分量，从而导致信号在时域上的失真。非均衡的频率响应会突出某些频率成分，而削弱其他成分，同样导致失真。此外，非线性的相位移动也会对信号的时域表示产生影响。尽管理论上认为无限带宽是必要的，但方波（矩形波）实际上是由有限带宽的信号生成的。一般而言，带宽越宽越有利，但有限带宽的信号仍能够满足实际需求[1]。

（二）噪声功率谱密度

噪声功率与带宽成正比。这意味着每赫带宽中有相等的噪声功率。有时

----

① 王贤君. 现代无线通信系统与技术［M］. 南京：东南大学出版社，2009：1-9.

这种噪声称为白噪声，也就是说它包含所有的频率，就像白光包含所有颜色的光一样。实际上，可以讨论噪声功率谱密度，表示每赫带宽的功率（W）。其公式的推导很简单。式（6-4）给出的是带宽为 B 时的总噪声功率。若要计算每赫的功率，只需除以带宽即可得到更加简单的公式：

$$N_0 = kT \tag{6-4}$$

式中：N_0——噪声功率谱密度（W/Hz）；

　　　k——玻耳兹曼常数，$k = 1.38 \times 10^{-23}$ J/K；

　　　T——绝对温度（K）。

四、无线电频谱

（一）无线通信的频谱

无线电波是一种电磁辐射，红外线、可见光、紫外线以及 λ 射线均属此类，它们之间的不同之处是波的频率。当前用于无线通信的频谱范围已经从约 100 kHz 扩展到约 50 GHz。频率与波长之间的转换相当容易。对于任何波来说，其频率和波长的关系式如下：

$$v = f\lambda \tag{6-5}$$

式中：v——波的传播速度（m/s）；

　　　f——波的频率（Hz）；

　　　λ——波长（m）。

在自由空间（空气一般可近似于自由空间）中传播的无线电波的速度等于光速 c，$c = 300 \times 10^6$ m/s。则式（6-6）可以写成：

$$c = f\lambda \tag{6-6}$$

（二）信号的带宽约束

正弦波仅具有单一频率，因此其带宽为零。然而，一旦信号经过调制，其带宽便会相应增加。在无线系统中，带宽始终是一种稀缺资源，并非所有频率都能被有效利用。此外，随着带宽的增加，噪声对信号的退化作用也会随之增强。因此，在大多数通信系统中，合理限制带宽至关重要。存在一个与带宽、时间和信息量相关的一般性法则，即哈特利法则，该法则适用于所有通信系统的运行，强调了带宽的有效管理对信息传输效率的重要性。这一法则的公式如下：

$$I = ktB \tag{6-7}$$

式中：I——待传输的信息量（bit）；

$\quad\quad k$——常数，取决于调制方案和信噪比；

$\quad\quad t$——时间（s）；

$\quad\quad B$——带宽（Hz）。

没有精确的量化方法来给出信息量 I 或常数 k。不过该方程的一般形式是指导性的，它告诉我们信息传输速率与通信系统所占有的带宽成正比。为了在给定的时间内传输更多的信息，就需要更大的带宽（或者更为有效的调制方案）。

（三）频谱资源的再利用

无线系统中的频谱资源常常供不应求，尽管通信带宽已被尽可能严格地限制，依然无法满足日益增长的通信需求。值得注意的是，某一地区的频谱可以在另一地区的不同用途上再利用，前提是两个地区之间的距离足够远，以确保信号无法互相干扰，或者即使信号能够传递，其强度不足以引起不可接受的干扰。适当的距离取决于多种因素，包括发射器功率、天线增益与高度，以及所使用的调制方式等。

近年来，许多无线通信系统，如蜂窝电话系统，通过自动将发射器功率调至最低水平，成功实现了可靠通信的同时，使得频率在较小的距离内得以重复利用。这种频谱资源再利用的策略有效提高了频谱的使用效率，最大限度地缓解了频谱紧缺的问题。频谱资源的再利用不仅优化了无线通信系统的性能，还为实现可持续发展的通信网络提供了重要保障。

第三节　多服务融合与优化——综合业务接入技术

一、铜线接入技术

铜线接入技术主要基于传统的双绞铜线对（如电话线）进行数据传输。这种技术通过采用先进的数字信号处理技术，提升双绞铜线对的传输能力，使其能够支持更高速率、更高质量的数字信号传输。铜线接入技术不仅可以用于传统电话业务，还可以提供互联网接入、视频点播、视频会议等多种宽带业务。

（一）铜线接入的关键技术

第一，数字信号自适应均衡技术。数字信号自适应均衡技术是铜线接入技术中的一项关键技术。由于双绞铜线对在传输过程中会受到衰减、噪声、串音等多种干扰，导致信号质量下降。自适应均衡技术能够根据线路特性，动态调整传输参数，消除这些干扰，确保信号能够稳定、准确地传输。

第二，回波抵消技术。回波抵消技术主要用于消除由于线路不匹配或桥接等原因产生的回波信号。回波信号会叠加在原始信号上，导致信号失真，影响传输质量。回波抵消技术通过模拟或数字方式，产生与回波信号相反的信号，并将其叠加在原始信号上，从而抵消回波信号，提高信号质量。

第三，高效的编码调制技术。为了提高传输速率和传输效率，铜线接入技术采用了多种高效的编码调制技术。这些技术包括正交幅度调制（QAM）、无载波幅度相位调制（CAP）和离散多音频（DMT）等。其中，DMT 技术是 ADSL 系统的标准线路编码技术，它将传输带宽划分为多个子信道，每个子信道独立进行调制和解调，从而实现高速率的数据传输。

（二）铜线接入技术的类型

1. 高比特率数字用户线（HDSL）

HDSL 技术是美国 Bellcore 于 1988 年提出的，是一种全双工的数字用户线技术。它能够在现有的电话双绞线上全双工传送 E1 速率或 T1 速率的数字信号，传输距离可达 3～6 km。HDSL 系统采用 2 对或 3 对铜线来降低线路上的比特传输速率，并通过 2B1Q 或 CAP 等高效线路编码技术提高调制效率。此外，HDSL 还采用数字信号自适应均衡技术和回波抵消技术来消除传输线路中的干扰，确保信号质量。

2. 非对称数字用户线（ADSL）

ADSL 技术是针对互联网和视频点播等业务的上下行不对称性而提出的。它能够在现有一对电话双绞线上实现 8 Mbit/s 的下行速率和 1.3 Mbit/s 的上行速率，提供多种宽带业务。ADSL 系统采用频分复用（FDM）方式将整个频带分为普通电话业务信道、上行数字信道和下行数字信道三个部分。在调制技术方面，ADSL 先后采用了 QAM、CAP 和 DMT 等技术，其中 DMT 是 ADSL 的标准线路编码技术。

3. 甚高速率数字用户线（VDSL）

VDSL 技术主要是配合光纤到路边（FTTC）或光纤到大楼（FTTB）的接入方案而提出的。它在光网络单元（ONU）到用户端之间采用 VDSL 技术实现高速信息传输。VDSL 可运行于对称或非对称速率情况下，短距离内上下行最高速率均可达到 100 Mbit/s。在信号调制方面，VDSL 采用 DMT 技术以最大限度地利用铜线的线路频谱。

（三）铜线接入技术的优势

第一，成本低廉。铜线接入技术利用现有的电话线网络进行改造升级，无需铺设新的线路，成本相对较低。

第二，普及率高。电话线网络在全球范围内广泛普及，因此铜线接入技术具有较高的覆盖率。

第三，易于改造。在原有电话线网络基础上进行改造升级相对简单，便于快速部署和普及。

（四）铜线接入技术的发展趋势

尽管光纤接入技术以其诸多优势逐渐成为主流，但铜线接入技术仍将在一定时期内保持其重要地位，并展现出独特的发展态势。

从技术层面看，铜线接入技术仍在不断优化和升级。随着数字信号处理技术的不断进步，铜线接入的传输速率和传输质量将得到进一步提升。例如，通过采用更先进的编码调制技术和回波抵消技术，可以更有效地利用铜线的传输带宽，提高传输效率。此外，随着物联网、智能家居等新兴应用的兴起，铜线接入技术也将与这些技术相结合，为用户提供更加便捷、智能的服务。

从市场需求角度看，铜线接入技术仍具有广阔的市场空间。尽管光纤接入技术在城市地区已经得到广泛应用，但在许多偏远地区、农村地区以及老旧社区，由于光纤铺设成本高、施工难度大等原因，铜线接入技术仍然是这些地区的主要接入方式。因此，在未来一段时间内，铜线接入技术仍将继续满足这些地区用户的宽带接入需求。

从政策层面看，许多国家和地区仍在积极推动铜线接入技术的发展。政府通过制定相关政策、提供资金支持等方式，鼓励电信运营商和设备制造商加大在铜线接入技术领域的研发投入，推动技术的不断创新和升级。同时，政府还积极推动宽带普及和数字化转型,为铜线接入技术的发展提供了广阔的市场空间和应用场景。

二、光纤接入技术

光纤接入技术基于光的全反射原理,通过光导纤维(简称光纤)作为传输媒介,实现信息的远距离、高速率传输。光纤由纤芯和包层两部分组成,纤芯的折射率高于包层,当光线从纤芯射入并与纤芯轴线的夹角小于某一临界角时,光线将在纤芯与包层的界面上发生全反射,并沿着光纤轴线方向不断向前传播。这一过程中,光信号几乎不受外界电磁干扰,从而保证了信号传输的稳定性和可靠性。

(一)光纤接入技术的类别划分

光纤接入技术根据接入位置和服务类型的不同,可以分为多种类型,主要包括以下方面:

第一,光纤到户(FTTH)。FTTH 是最彻底的光纤接入方式,将光纤直接连接到用户家中,提供超高速的网络接入服务。这种方式彻底解决了"最后一公里"的瓶颈问题,是未来宽带接入的主要发展方向。

第二,光纤到大楼(FTTB)。FTTB 将光纤接入到楼内,再通过双绞线等方式分配到各用户。这种方式虽然不及 FTTH 直接,但也能显著提升网络速度和稳定性,适用于多用户共享的网络环境。

第三,光纤到路边(FTTC)。FTTC 将光纤接入到路边的光节点,再通过同轴电缆等方式将信号分配到附近的用户。这种方式成本相对较低,但传输速度和稳定性略逊于 FTTH 和 FTTB。

第四,光纤到办公室(FTTO)。FTTO 主要针对企业或办公场所,将光纤直接接入到办公室内部,提供高速、稳定的网络接入服务。

（二）光纤接入的关键技术

光纤接入技术的实现离不开一系列关键技术的支持，主要包括以下方面：

第一，光传输技术。主要包括光调制、光放大、光检测等，这些技术决定了光信号在光纤中的传输质量和效率。例如，密集波分复用（DWDM）技术可以在一根光纤中传输多个波长的光信号，大幅提高传输容量。

第二，光接入网技术。主要包括无源光网络（PON）技术、以太网无源光网络（EPON）和吉比特无源光网络（GPON）等。PON技术采用一点到多点的拓扑结构，通过一根光纤和多个光分路器将光信号分配给多个用户，有效降低了建设成本。

第三，光交换技术。随着光网络规模的扩大和复杂度的增加，光交换技术变得越来越重要。光交换可以在光域内直接对光信号进行路由和交换，避免了光—电—光的转换过程，从而提高了交换速度和效率。

（三）光纤接入技术的应用场景

光纤接入技术凭借其高速率、大容量、抗干扰等优势，广泛应用于各种场景，具体如下：

第一，家庭宽带接入。随着家庭用户对网络速度要求的不断提高，FTTH（光纤到户）成为家庭宽带接入的首选方案。它可以提供高达数百兆甚至千兆的网络带宽，满足高清视频、在线游戏等高带宽应用的需求。

第二，企业网络接入。对于企业用户而言，稳定可靠的网络接入是保障业务连续性的关键。FTTO（光纤到办公室）等光纤接入方案可以为企业提供高速、安全的网络接入服务，满足日常办公、视频会议等需求。

第三，数据中心互联。随着云计算和大数据技术的发展，数据中心之间的数据传输量急剧增加。光纤接入技术以其高带宽、低延迟的特性成为数据中心互联的首选方案之一。

第四，智慧城市与物联网。在智慧城市和物联网的建设中，光纤接入技术为各类传感器、监控摄像头等设备提供了稳定可靠的数据传输通道，是实现城市智能化和物联网应用的基础。

（四）光纤接入技术的发展趋势

随着技术的不断进步和应用需求的持续增长，光纤接入技术将呈现以下发展趋势：

第一，高速率、大容量。未来光纤接入技术将继续向更高速率、更大容量的方向发展。例如，通过采用更先进的调制编码技术和光电器件，可以实现单波长速率达到数百 Gbps 甚至 Tbps 的传输能力。

第二，智能化、自动化。随着人工智能和大数据技术的应用普及，光纤接入网络将变得更加智能化和自动化。例如，通过引入 SDN（软件定义网络）技术可以实现网络的灵活配置和动态调整；通过引入 AI 算法可以实时监测网络状态并进行智能运维。

第三，融合创新。未来光纤接入技术将与其他新型通信技术相结合形成更加综合的接入方案。例如与 5G、Wi-Fi 6 等无线通信技术相结合形成无线/有线融合接入网络；与卫星通信相结合形成天地一体化接入网络等。

第四，绿色环保。随着全球对环境保护意识的增强以及节能减排政策的推动，光纤接入技术在设计、制造和使用过程中将更加注重绿色环保。例如采用低功耗器件、优化网络架构、减少能耗等措施来降低整体能耗和碳排放量。

三、电力线接入技术

电力线接入技术的基本原理是将用户终端的数据信号调制到高频载波上，然后将这些载有信息的高频信号加载到电力线上进行传输。在接收端，通过专用的电力调制/解调器将高频信号从电力线上分离出来，并进行解调还原成原始数据信号，从而实现信息的传递。这一过程中，电力线不仅承担着传输电能的任务，还充当了数据传输的通道。

（一）电力线接入技术的类别划分

1. 依据电压等级进行分类

（1）高压 PLC。利用 35 kV 以上的高压电力线作为传输媒质，主要用于传输电力调度等电力专网信息服务。

（2）中压 PLC。利用 10 kV/30 kV 中压电力线作为传输媒质，服务于接入骨干网、配电网自动化和用户需求侧管理等应用。

（3）低压 PLC。利用 220 V/380 V 低压电力线作为传输媒质，广泛应用于互联网接入、家庭局域网、远程抄表和智能家居等领域。

2. 依据占用频率带宽进行分类

（1）窄带 PLC。载波频率范围通常为 3～500 kHz，传输速率较低，但易于实现，适用于电话、远动控制信号等业务。

（2）宽带 PLC。载波频率范围通常为 2～30 MHz，传输速率高，可承载多种业务，但单条通信距离受限。

（二）电力线接入技术的信道特性

低压电力线作为电力线接入的主要传输媒介，其信道特性直接影响着通信质量。低压电力线的信道特性主要体现在噪声、阻抗和衰减三个方面。

第一，噪声特性。低压电力线上的噪声来源复杂多样，主要包括有色背景噪声、窄带噪声、与工频异步的周期性噪声、与工频同步的周期性噪声和突发性噪声。这些噪声的存在会严重干扰信号的传输，因此，在设计和实现电力线接入系统时，必须充分考虑噪声的抑制和消除措施。

第二，阻抗特性。低压电力线的输入阻抗随频率、时间和地点的变化而变化，这使得发送端和接收端的阻抗匹配变得尤为困难。为了实现良好的信号传输，需要采用自适应阻抗匹配技术或动态调整发送功率等方式来克服这一难题。

第三，衰减特性。电力线信道的衰减特性与信号频率和传输距离密切相关。一般来说，信号衰减随频率上升而增加，但并不一定是单调的；同时，信号衰减也随距离增大而增加，但同样存在非单调现象。这些复杂的衰减特性要求电力线接入系统必须具备强大的信号处理能力和自适应调整机制。

（三）电力线接入的关键技术

电力线接入技术的成功应用离不开以下关键技术的支持：

第一，调制解调技术。为了有效利用电力线的有限带宽并克服其复杂的信道特性，电力线接入系统通常采用先进的调制解调技术来提高数据传输的可靠性和效率。这些技术包括正交幅度调制（QAM）、正交频分复用（OFDM）等。

第二，信道编码与解码技术。为了进一步提高数据传输的可靠性和抗干扰能力，电力线接入系统还广泛采用信道编码与解码技术。这些技术通过增加冗余信息来抵抗信道中的噪声和干扰从而确保数据传输的正确性。

第三，噪声抑制技术。针对电力线信道中复杂的噪声环境电力线接入系统需要采用有效的噪声抑制技术来降低噪声对信号传输的影响。这些技术包括时域滤波、频域滤波以及基于信号处理的噪声抑制算法等。

第四，自适应技术。由于电力线信道的特性随时间和地点的变化而变化电力线接入系统需要采用自适应技术来实时调整传输参数以优化传输性能。这些技术包括自适应调制编码（AMC）、自适应功率控制（APC）等。

（四）电力线接入技术的发展趋势

随着技术的不断进步和应用需求的持续增长电力线接入技术将在以下方面得到进一步发展：

第一，提高传输速率和带宽利用率。通过引入更先进的调制解调技术和信道编码技术来提高传输速率和带宽利用率以满足日益增长的数据传输需求。

第二，增强抗干扰能力和可靠性。通过优化系统设计和改进噪声抑制技术来增强电力线接入系统的抗干扰能力和可靠性以确保数据传输的稳定性和准确性。

第三，拓展应用场景和服务范围。通过与其他通信技术的融合创新来拓展电力线接入技术的应用场景和服务范围以满足用户多样化的通信需求。

第七章　现代计算机技术与通信系统的协同发展

现代计算机技术与通信系统正以前所未有的速度协同发展，深刻改变着人类社会的方方面面。本章将深入探索这一趋势下的三大关键领域：物联网技术、云计算与大数据，以及人工智能如何与通信系统深度融合。这些研究不仅揭示了技术发展的前沿动态，更为推动社会数字化转型、提升信息处理能力提供了重要支撑与深远意义。

第一节　物联网技术：智能设备的互联网络

随着信息技术的飞速发展，物联网（IoT）作为新一代信息技术的重要组成部分，正以前所未有的速度改变着人类的生产生活方式。物联网技术通过智能感知、识别技术与普适计算等通信感知技术，将各种信息传感设备与互联网结合起来而形成的一个巨大网络，实现了物物相连、人机交互的智能化网络体系。

物联网技术的兴起，标志着信息技术从传统的计算机互联网向物理世界深度渗透的新阶段。它不仅扩展了互联网的边界，使得物理世界中的各类物品能够接入网络，实现信息的采集、传输、处理与反馈，还促进了大数据、云计算、人工智能等技术的深度融合与应用，为构建智慧城市、智能制造、智慧农业等新型社会形态提供了强大的技术支撑。

一、物联网技术概述

（一）物联网技术的定义及特征

物联网作为一种新兴的网络架构，旨在通过信息技术实现物体之间的相互连接与智能交互。这一概念的核心在于超越传统互联网的范畴，不仅实现人与人之间的通信，还将物与物之间的联系纳入网络体系中。物联网通过集成多种传感器、设备及网络协议，实现了对物理世界的数字化表达，使得现实中的物品能够以网络连接的方式进行信息的收集、传输与处理。

物联网的发展得益于互联网技术的普及与演进，其基础在于数据的实时传输和智能分析。物联网中的设备通常具备独特的网络通信地址，类似于互联网中的 IP 地址，确保每个设备能够被准确识别与访问。通过这样的机制，物联网不仅实现了设备的互联互通，也为用户提供了便捷的信息访问途径，推动了智能化服务的普及。

在物联网的生态系统中，数据采集与处理是其重要特征之一。物联网设备通过传感器不断收集环境信息、设备状态及用户行为等数据，并通过互联网传输至中央系统进行分析。这种信息的实时更新与反馈，使得物联网能够实现对环境的动态监测与响应，从而增强了系统的智能化水平。

物联网还具有显著的智能化特征。通过对收集到的数据进行深入分析，物联网能够实现对设备的智能控制与自动化管理。这种智能化不仅限于简单的数据收集与传输，更涉及到基于数据分析结果进行决策和操作，进而优化资源配置、提高效率。这一特性使得物联网在智能家居、智慧城市、工业自动化等多个领域展现出广泛的应用前景。

物联网作为一种将物理世界与数字世界紧密连接的技术，标志着网络通信的一个重要进步。它不仅拓展了互联网的应用范围，也为各行各业的智能化转型提供了新的动力和可能性。物联网的深入发展，将推动社会生产与生活方式的变革，为未来的智能社会奠定基础。

（二）物联网技术的结构体系

物联网技术的结构体系可以划分为感知互动层、网络传输层和应用服务层，这一三层架构为物联网的功能实现提供了有力支撑。

1. 感知互动层

感知互动层位于体系的底部，主要由具备感知和识别功能的设备构成。这一层的关键任务是收集环境信息和识别物体，旨在实现对周围世界的全面感知。感知互动层涉及多种信息采集技术，包括传感器、射频识别（RFID）及实时定位技术等。该层的网络通信技术支持数据的短距离传输和自组织组网，涵盖有线和无线传输方式。通过这些技术，感知互动层能够实现对物理环境的实时监测，为后续的数据处理提供基础数据。

2. 网络传输层

网络传输层位于中间位置，主要负责将各类设备、传感器及系统连接至互联网，进而实现数据的高效采集、传输与处理。该层构成了物联网的基础设施，涵盖多种通信网络的融合，包括互联网、电信网和移动通信网等。网络传输层的设计理念是提供一个无处不在的信息高速公路，以便有效共享来自感知互动层的海量信息。在这一层，信息通信技术的可靠性、安全性和高效性构成了物联网运营的基石，确保了信息在各类设备之间的顺畅流动。

3. 应用服务层

应用服务层位于体系的顶端，主要负责将物联网技术与特定行业的专业技术相结合，以实现广泛的智能化应用。该层不仅包括物联网应用支撑技术，如面向服务的架构（SOA）和云计算平台，还涵盖一系列应用服务集，涉及智能交通、智能医疗等多个领域。通过这一层的应用服务，物联网最终实现了信息技术与行业的深度融合，推动了经济和社会的全面发展。应用服务层的有效运作依赖于信息的社会化共享与安全保障，确保用户能够安全、便捷地获取所需信息。

二、物联网关键技术分析

物联网作为一种新兴的信息技术架构，依赖于多种关键技术的整合与协同。这些技术不仅构成了物联网的基础框架，还直接影响到其应用效果与发展前景。以下将从感知技术、网络通信技术、数据处理与智能分析、安全与隐私保护四个方面进行深入分析。

（一）感知技术

感知技术是物联网的核心组成部分，负责对物理世界的监测与信息采集。该技术主要包括传感器技术、射频识别（RFID）技术和二维码技术等。传感器技术通过对环境物理量的实时监测，将其转换为可用的电信号。这些传感器能够感知温度、湿度、压力、光强等多种物理量，并在实时性和准确性方面表现出色，确保数据的可靠性。

RFID 技术则通过无线电波实现对特定目标的识别与数据的读写。其核心优势在于可以实现非接触式的数据采集，能够在较长距离内识别物体，并且具备较高的数据传输速率。RFID 技术广泛应用于物流管理、资产追踪及供应链管理等领域，为物品的实时定位与管理提供了强有力的支持。

二维码技术同样是感知技术中的重要组成部分，通过图像识别快速获取和存储信息。二维码能够以图形的方式存储大量数据，具备易于生成与扫描的特点，广泛应用于产品标识、信息获取及支付等场景。与其他感知技术相比，二维码技术以其简单性和经济性被广泛接受，成为连接物理世界与数字信息的重要桥梁。

（二）网络通信技术

网络通信技术是物联网运行的基础，其涉及的技术范围广泛，主要包括短距离无线通信技术、低功耗广域网技术以及移动通信技术等。短距离无线通信技术如 Zigbee、Bluetooth 和 Wi-Fi Direct 等，适用于局域网环境，能够实现快速、便捷的设备间通信。这些技术在智能家居、工业自动化及健康监测等领域展现出良好的应用前景。

低功耗广域网技术如 LoRa、Sigfox 和 NB-IoT 则针对远距离、低功耗的应用需求，能够在较广的区域内实现数据传输。这些技术特别适合用于环境监测、智能农业及城市基础设施管理等场景，能够有效延长电池寿命，减少维护成本。

移动通信技术（如 2G、3G、4G、5G）则提供了更为广泛的网络覆盖与高效的数据传输能力。尤其是 5G 技术的出现，为物联网提供了更低的延迟和更高的数据传输速率，支持大规模设备连接与海量数据传输。通过移动通信网络，物联网能够实现更为灵活和高效的应用，使各类设备在各种环境下都能保持高效的互联互通。

（三）数据处理与智能分析

物联网所产生的海量数据需要高效的数据处理技术和智能分析算法来支持。数据处理技术主要包括云计算、边缘计算和大数据处理技术。云计算为物联网的数据存储与处理提供了强大支持，能够实现弹性资源配置与高效的数据处理。边缘计算则通过在数据源附近进行处理，减少数据传输的延迟，提升实时性，适用于需要即时反应的应用场景。

大数据处理技术则使物联网能够对海量数据进行分析与挖掘，识别潜在的规律与趋势。结合机器学习和深度学习等人工智能技术，物联网系统能够实现自动学习与决策优化。这种智能化的分析能力使得物联网不仅仅停留在数据采集层面，更能够实现基于数据的智能决策与自动控制，从而提升各类应用的效率与效果。

（四）安全与隐私保护

物联网的安全与隐私保护是其发展过程中面临的重要挑战。由于物联网系统的开放性和多样性，安全隐患的增加对其正常运行构成威胁。因此，构建健全的安全体系显得尤为重要。安全技术包括数据加密、身份认证、访问控制和隐私保护等，通过这些技术可以有效防止数据被篡改或非法访问，保护用户的信息安全。

此外，安全协议和安全标准的制定对于确保物联网的安全性同样至关重要。这些协议与标准能够为不同设备与系统之间的安全通信提供规范和依据，确保数据在传输过程中的完整性与机密性。同时，针对物联网应用场景的特殊需求，安全措施应具有可扩展性与灵活性，以适应不断变化的安全威胁环境。

三、物联网的应用场景探索

物联网作为一种新兴技术，正在不断改变各个行业的运作方式，拓展了多个应用场景。其广泛的应用潜力体现在多个领域，包括智慧城市、智能制造、智慧农业和智能家居等。以下将深入探讨物联网的应用场景，分析其在不同领域的实践与影响。

（一）智慧城市

智慧城市是物联网技术最重要的应用领域之一。智慧城市是利用物联网等新一代信息技术实现城市智慧运行和管理的新型城市形态，是信息技术与城市发展深度融合的产物[①]。通过在城市基础设施中嵌入传感器、摄像头和智能设备，智慧城市实现了对交通、能源、环境和公共安全等多方面的智能管理。在交通管理方面，智能交通系统通过实时数据分析，能够监控交通流量、检测交通事件，并根据实时情况调整信号灯的切换，进而优化道路使用效率，减少交通拥堵及事故发生率。在能源管理领域，智能电网能够监测电力需求与供应情况，自动调节电力分配，促进可再生能源的集成，降低能源浪费。此外，通过环境监测传感器，城市管理者能够实时获取空气质量、噪声水平和水资源状况，及时采取应对措施，以提高城市生态环境质量。这种多维度的信息化管理不仅提高了城市的运行效率，还增强了居民的生活质量，促进了可持续发展的目标实现。

（二）智能制造

在制造业中，物联网技术推动了智能制造的进程。通过在生产设备和工艺流程中集成传感器和智能设备，企业能够实现生产过程的实时监控和数据分析。物联网技术不仅能够提高生产效率，还能通过数据采集与分析，实现设备的故障诊断和预测性维护。这样的能力减少了停机时间，提高了产品质量，降低了生产成本。此外，物联网的应用促进了供应链管理的透明化。实时跟踪物料流动与库存状态，使得供应链各环节能够进行有效协同，降低了库存积压和物流风险。智能制造的实施，不仅增强了企业的市场竞争力，还推动了制造业的数字化转型。

（三）智慧农业

智慧农业作为物联网技术的重要应用方向，致力于实现农业生产的精准化和智能化管理。通过在农田中部署各类传感器和无人机，农民能够实时监测土壤湿度、温度、养分含量以及作物生长状态等关键数据。这些数据为农

---

① 李晓辉. 面向智慧城市的物联网基础设施关键技术研究［J］. 计算机测量与控制，2017，25（7）：8-11.

民提供了科学的种植建议和管理决策，从而优化农作物的生长环境，提升农产品的产量与质量。同时，智慧农业还利用物联网技术促进了农产品的追溯和食品安全管理。通过记录从生产到消费的全生命周期数据，消费者能够获得更加透明的食品来源信息，增强对食品安全的信任。此外，物联网的应用能够帮助农民减少化肥和水资源的使用，实现环境保护与可持续发展目标。

（四）智能家居

智能家居是物联网技术在日常生活中的直接体现，极大地提升了用户的生活品质和便利性。通过智能家居系统，用户能够远程控制家中的照明、空调、安全系统等设备，实现家居环境的智能化管理。此外，智能家居系统还可以根据用户的生活习惯和偏好，自动调节家居设置，如调节室内温度、调整窗帘开合等，提供更为舒适的居住体验。智能家居不仅提高了居住的便捷性，还能通过设备间的联动，增强家庭的安全性与能效管理。例如，智能安防系统能够在检测到异常情况时，自动向用户发送警报，并联动其他设备进行应对，提升居住环境的安全性。

第二节　云计算与大数据：数据处理的新时代

一、云计算与通信系统

（一）云计算的主要特点

云计算是一种新型的计算模式，具有可扩展性、灵活自如、根据需要使用等特点，受到学界和业界的一致好评。云计算的本质是一种分布式计算模式，通过将大规模数据分解为多个子任务，分配至不同节点的计算单元进行并行处理，再将各节点处理的结果汇总合成，从而实现对海量数据的高效处理与整合，并将最终结果反馈给用户[①]。云计算的基本特点主要有以下方面：

第一，提供自助服务。用户可以根据自身需求灵活地使用云计算资源，而不必与服务提供商进行烦琐的沟通。云计算通过其成熟的自助服务平台，使用户能够便捷地获取服务器、网络存储和计算能力等资源，并可依据具体需求自主组合、配置不同资源，从而实现计算环境的个性化定制。这种自助服务模式不仅提升了资源使用效率，还降低了用户对技术细节的依赖，使其能够将更多精力集中在核心业务的开展上。

第二，网络访问方式多样化。用户可以通过多种终端设备，如智能手机、平板电脑和工作站等，随时随地访问云计算资源池。这种多样化的访问方式突破了传统计算模式的局限性，使用户能够在不同时间、不同地点以不同设备接入同一计算环境，实现了工作效率和灵活性的显著提升。同时，云计算通过互联网提供资源访问，使得地理位置不再成为限制因素，用户可以更加灵活地使用计算资源。

第三，云计算依托资源池的技术优势，使用户无须关心具体资源的物理位置，而是能够直接从资源池中获取所需的计算资源。资源池具备动态扩展和自我分配的能力，能够根据用户的实际需求自动进行资源调配，实现资源的最优分配与使用。这种模式不仅提高了资源的利用率，还大幅降低了计算成本，为用户提供了更为经济、高效的计算服务。

第四，云计算在计算能力的分配和释放上表现出极大的弹性和快速响应能力。云计算能够根据用户需求的变化，自动实现资源的快速扩展或缩减，打破了传统计算模式中时间和数量方面的限制。这种高度灵活的资源调配能力，使云计算能够应对各种复杂、多变的计算需求，提升了计算服务的响应速度和稳定性。

---

① 梁昊. 云计算技术在计算机大数据分析中的运用——评《云计算与大数据》[J]. 科技管理研究，2020，40（16）：1.

第五，可评测的服务。云计算能够根据存储容量、处理能力、活跃用户账号等具体情况，实时进行监控和自动调控，使资源分配更为合理透明。用户可以通过云计算平台提供的评测数据，实时了解自身资源的使用情况和服务状态，从而做出更为科学的决策。这种服务的透明度不仅提升了用户的使用体验，还增强了云计算服务的可信度。

第六，与传统计算模式相比，云计算更加注重用户体验，使用户能够继续沿用原有的工作环境，无须进行大规模的软件安装和配置。用户只需安装小型云客户端软件即可实现资源访问，占用内存少，安装成本也相对较低。此外，云计算的界面技术成熟，用户可以通过 Web 服务框架和互联网浏览器直接访问资源，操作简单，使用便捷。

第七，根据需要配置服务资源。用户在选择计算环境时，可以结合自身的具体需求，灵活配置不同的计算资源组合，并享有相应的管理权限。云计算通过这种灵活的服务配置能力，使得用户能够在不同应用场景中获得最适合的计算环境，从而最大化地发挥计算资源的价值。

第八，能够保证服务质量。云计算通过底层基础设施的优化和维护，为用户提供了高质量的计算环境。用户在使用过程中，无需担心计算资源的质量问题，能够专注于自身业务的发展。云计算的基础设施服务在可靠性、安全性等方面均达到了较高标准，为用户提供了坚实的服务保障。

第九，拥有独立系统。云计算平台能够实现硬件、软件和数据的自动化配置和优化，形成一个统一的管理平台。用户在云计算环境中看到的是一个完整、透明的系统，这不仅简化了用户的管理难度，还提高了系统的安全性和可靠性。

第十，具有可扩展性和极大的弹性。云计算能够在多种维度上进行扩展，包括地理位置、硬件配置和软件功能等，以满足用户的多样化需求。云计算的弹性能力，使其能够随时根据用户需求变化进行资源的快速扩展和调整，从而确保计算服务的持续性和稳定性。

（二）云计算的基本类型

云计算作为一种新型的 IT 模式，在向客户提供服务和资源时，通过互联网进行连接。它能够根据客户的需求，灵活地提供各种软件和硬件资源。目前，许多大型 IT 企业、互联网提供商和电信运营商都积极涉足云计算领域，为客户提供云计算服务。根据部署方式的不同，云计算可以分为私有云、公有云、社区云和混合云等不同类型。

1. 公有云

公有云作为云计算领域的主要服务模式之一，已在信息化进程中发挥了不可忽视的作用。其核心特征在于，公有云服务由第三方机构提供，并通过互联网面向公众、行业组织、学术机构以及政府机构等用户开放使用。随着信息技术的发展与云计算技术的普及，公有云在企业管理和业务拓展方面的优势愈加显现，特别是在提升资源利用效率和降低管理成本方面，公有云展现出了显著的优越性，具体如下：

（1）灵活性。用户可以在公有云环境中几乎即时地配置和部署新的计算资源，而无须经过复杂的审批流程和硬件准备过程。这使得用户能够将更多精力集中于核心业务的拓展和创新，有效提升商业价值。同时，用户还可以根据实际需求的变化，灵活调整计算资源的组合，从而在动态变化的市场环境中保持竞争力和适应性。

（2）可扩展性。用户在使用公有云时，无需担心应用程序使用规模或数据量增长对计算资源的需求变化，因为公有云能够根据用户需求，轻松实现计算资源的扩展。多数公有云服务商还提供自动扩展功能，当用户的计算或存储需求增加时，系统可以自动完成资源的扩展配置，这不仅提高了资源利用效率，还减少了人为干预的复杂性，为用户提供了更加便捷的服务体验。

（3）高性能。对于需要高性能计算的企业而言，在自身数据中心部署高性能计算系统往往成本高昂，且维护管理复杂。而公有云服务商可以在其数据中心轻松部署最新的应用程序和高性能计算系统，为用户提供按需支付的高性能计算服务。这不仅有效降低了企业高性能计算的门槛，还使得企业能够在短时间内获得所需的计算能力，以应对复杂的计算任务。

（4）低成本。得益于规模效应，公有云服务商能够在资源调配和管理上实现集约化运作，从而获得显著的经济效益。相较于企业自行购置和维护计算设备的模式，公有云在价格上具有较大的优势。此外，通过公有云，用户还能够节省其他相关成本，如员工管理成本、硬件维护成本等。对于资源需求不确定的企业而言，公有云提供了按需付费的灵活计费模式，使其能够更加有效地控制 IT 预算。

2. 私有云

私有云的使用范围仅限于企业或组织内部。与公有云不同，私有云在资源管理和数据安全性方面具有更高的控制权和灵活性。私有云的运营和管理通常由企业自行负责，或由第三方机构协助管理，也可采取联合运营的方式。其核心特征在于资源的专有性，这为企业在数据安全、法规遵从以及服务定制化等方面提供了更为有力的保障。

（1）安全性。由于私有云仅限于企业内部使用，企业可以对其设备和数据进行全面掌控。这种掌控能力使得企业能够根据自身的安全需求，制定并实施一系列定制化的安全策略和措施，从而最大限度地降低数据泄露或安全威胁的风险。与公有云相比，私有云能够更加有效地防范外部攻击和未经授权的访问，为企业敏感数据的安全性提供了坚实保障。

（2）法规遵从。对于受法律和行业规范严格监管的企业而言，确保数据存储和处理符合相关法规要求至关重要。在私有云模式下，企业可以完全控制数据的存储位置和处理流程，并根据法律要求将数据保存在特定的地理区域内。此外，企业可以自主制定和执行符合监管要求的安全策略，包括数据加密、访问控制以及数据备份等，从而确保数据处理的合法性与合规性。这种对数据的高度控制能力，使私有云在法规遵从性要求严格的行业中具有显著优势。

（3）定制化。企业可以根据自身业务需求，自主选择用于程序应用和数据存储的硬件设备，并对云计算环境进行深度定制。尽管这些硬件设备和技术服务通常由第三方服务提供商提供，但企业仍然可以根据具体业务需求，灵活调整云计算架构和资源配置。私有云的这种灵活性和定制化能力，使企业能够在保证安全性和合规性的前提下，最大化地利用云计算资源，实现业务效率的提升和成本的优化。

3. 混合云

混合云作为一种结合公有云与私有云优势的云计算架构，为企业提供了更加灵活、可靠的云服务环境。混合云的核心特征在于其将一个或多个私有云与一个或多个公有云整合在同一架构中，各个云在系统内部保持相对独立，同时实现数据和应用的无缝交互。混合云的管理通常由多方共同负责，包括企业内部 IT 部门与外部云服务提供商，这种协作模式使得混合云在资源配置和服务管理上更具灵活性和适应性。

混合云的独特之处在于其有效融合了公有云的强大计算能力与私有云的高安全性及控制能力，提供了企业级的灵活计算解决方案。公有云以其较低的成本和高度的可扩展性满足企业对计算资源的动态需求，而私有云则通过严格的安全控制和法规遵从能力，为企业提供了可靠的数据保护和隐私保障。通过将这两种云模式结合，混合云能够根据企业的实际业务需求，实现资源的最优配置与应用。

在实际应用中，混合云能够弥补单一云计算模式的不足。公有云虽然在资源获取和管理方面具有较高的效率，但其在数据安全和隐私保护方面的局限性使得某些企业在处理敏感数据时不得不选择私有云。而私有云尽管具备高度的安全性和数据控制能力，但其扩展性有限且成本较高，难以应对大规模、突发性的资源需求。混合云通过结合公有云和私有云的优势，使企业能够在不同的业务场景下灵活选择计算资源,实现了两者的互补与优化。例如,当企业在公有云环境下的资源无法满足需求时,可以在公有云中构建私有云,利用私有云的安全性和控制能力,从而实现资源的灵活调配与服务的无缝衔接。

混合云的部署模式为企业提供了更多的选择与弹性。通过混合云架构,企业能够在自身数据中心内部构建私有云,同时在需要更大计算资源时,利用公有云的弹性计算能力进行资源补充。这种模式不仅提升了企业应对复杂业务环境的灵活性,还能够有效控制成本,优化资源利用效率。此外,混合云的多云架构使企业能够在不同云平台之间进行数据和应用的迁移和调度,避免了对单一云服务提供商的过度依赖,从而降低了业务风险。

4. 社区云

社区云作为云计算的一种重要类型,主要服务于在隐私、安全、政策等方面具有共同需求的多个组织或机构。其本质上是一种在公有云与私有云之间进行的平衡的计算模式,旨在为具有相似需求的社区成员提供高效、可靠的云计算服务。社区云的运营和管理一般由参与的组织或第三方机构负责,这种模式在共享资源、提高效率的同时,能够有效满足社区成员在数据安全、法规遵从等方面的特殊需求。

(1)区域性和行业性。社区云通常服务于某一特定区域或行业的组织,例如某个地理区域内的高校、科研机构或特定行业内的企业集群。这种区域性和行业性的特征,使得社区云能够针对特定群体的共性需求进行资源配置和服务优化,最大化地提升服务的适用性和针对性。通过为特定领域或社区提供定制化的云服务,社区云不仅能够更好地响应成员的需求,还能够在满足特定安全和法规要求的同时,实现更高效的资源利用。

(2)有限的特色应用。相较于公有云和私有云,社区云的应用场景和用户群体相对集中,因此其应用通常具有更强的针对性。社区云提供的服务往往围绕特定领域的需求展开,如教育、医疗、科研等。通过聚焦于特定领域的特色应用，社区云能够为社区成员提供更为精准的计算资源与服务支持，提升了资源利用效率和服务质量。

（3）资源的高效共享。参与社区云的组织可以共享计算资源、数据存储和网络基础设施等，从而降低了单个组织的成本和资源消耗。这种共享模式不仅能够提高资源的利用率，还能够促进社区内部的信息交流与合作。通过高效的资源共享，社区云实现了在保障安全和隐私的前提下，提高服务灵活性和资源调配能力，为社区成员提供了良好的技术支持和协作平台。

（4）社区云在成员参与性表现出色。社区云的使用者通常是具有共同目标和需求的组织或机构，这使得社区云内的成员具有高度的参与意愿与协作动机。在社区云的运营和管理过程中，社区成员可以积极参与决策与管理，提出改进建议，共同推动云平台的优化与发展。这种高度的参与性不仅增强了社区云的服务能力，还促进了社区成员之间的合作与资源整合，为社区云的长远发展奠定了良好的基础。

（三）通信系统中的云计算

云计算技术的迅猛发展为各行各业带来了深远的影响，其中，通信系统作为现代信息社会的重要基础设施之一，亦在云计算的推动下经历了深刻的变革。云计算不仅改变了传统通信系统的架构与管理模式，更为通信系统的服务能力、资源利用效率和创新能力提供了新的机遇。

第一，网络虚拟化与功能虚拟化。网络虚拟化和网络功能虚拟化（NFV）是云计算在通信系统中的重要应用。传统通信网络中，硬件设备和网络功能紧密耦合，升级与扩展都需要额外的硬件投资，而网络虚拟化将物理网络资源虚拟化为逻辑资源，能够按需分配和管理网络资源。NFV 则将路由、交换、防火墙等网络功能从专用硬件中解耦，部署在通用的虚拟化环境中，实现了网络功能的灵活部署与快速迭代。通过网络虚拟化与 NFV，通信系统能够大幅提升资源利用率，降低运维成本，并加速新业务的开发与部署。

第二，通信云平台的构建。云计算技术在通信系统中的应用催生了通信云平台的构建。通信云平台将通信网络中的计算、存储、网络等资源整合为一个统一的云计算环境，为运营商提供集中化、智能化的网络管理和业务运营平台。通过通信云平台，运营商可以实现资源的灵活调度和自动化运维，从而大幅提升网络管理的效率和精确度。同时，通信云平台还能为用户提供更高效的服务，如视频会议、云游戏、远程教育等多样化的增值业务。

第三，边缘计算与 5G 网络。5G 网络的建设与普及对通信系统提出了更高的性能要求，特别是在时延和带宽方面。云计算与通信系统的结合为解决这一问题提供了有效的方案——边缘计算。边缘计算通过在靠近用户的网络边缘部署计算与存储资源，将数据处理和应用程序从中心云移至网络边缘，从而降低时延，减轻核心网络的负载，并提高数据处理效率。边缘计算与 5G 网络的结合不仅能有效满足物联网、自动驾驶、增强现实（AR）等新兴应用对低时延、高带宽的需求，还能为通信运营商带来新的商业机遇。

二、大数据与通信系统

（一）大数据的多维属性

随着人类社会进入信息化和数字化时代，数据在生产生活中的重要性日益凸显。特别是随着人与人、人与机器以及机器与机器之间互动频率的增多，数据的生成量呈爆炸式增长，人类正式步入大数据时代。大数据不仅是新型战略资源，更是驱动社会创新的重要力量。大数据的概念具有多层次、多维度的特征，其内涵不仅涉及数据的规模和速度，还涵盖了数据的多样性、价值、真实性、存储与处理技术及其生命周期等多个方面。理解大数据的多维度属性,对于全面认识其潜在价值以及在不同领域中的应用具有重要意义。

第一,数据规模。大数据通常指那些传统数据管理工具和技术无法高效处理的数据量。然而,关于"大数据"的具体规模并没有固定标准。一般认为,当数据量达到数十亿个纪录或数百 TB,甚至更大时,即可称之为大数据。随着技术的发展,数据规模的界定也在不断变化,这使得"大数据"这一概念本身具有动态演变的特性。

第二,数据速度。在大数据环境中,数据流量以极快的速度增长,包括社交媒体、传感器和网络日志等多种来源的数据。这些数据通常呈现实时或近实时的状态,要求能够快速处理和分析,以便从中获取及时有效的信息。这种数据的高速生成与流动,决定了大数据分析需要高效的处理技术与策略来应对快速变化的数据环境。

第三,数据多样性。大数据的多样性主要体现在数据类型的多元化,包括结构化数据、半结构化数据和非结构化数据。结构化数据通常是数据库表格中的信息,半结构化数据如 XML 文件和 JSON 数据,而非结构化数据则包括文本、图像、音频、视频等复杂类型。这种多样性增加了数据处理和分析的难度,因为不同类型的数据往往需要采用不同的存储、管理和分析方法。多样性特征使得大数据不仅在数据量上具有显著优势,同时在数据内容的丰富性与复杂性上也具有其他类型数据无法比拟的独特价值。

第四,数据价值。大数据的核心目标是从庞大的数据集中提取出对决策和业务发展有益的信息。数据本身的价值并不在于其规模和类型,而在于通过数据分析所获取的洞见。大数据分析可以揭示隐藏的规律、预测未来趋势、优化资源配置,从而为企业和社会的发展提供科学依据。因此,数据的价值性在于其能够转化为实际的业务洞察和决策支持。

第五,数据真实性和准确性。数据量大并不意味着数据本身是可信赖的。数据的失真、噪声和不准确性会影响分析结果的可靠性,甚至导致错误的决策。因此,确保数据的真实性和准确性是大数据应用的前提条件。高质量的数据是获得有效分析结果的基础，数据真实性问题需要在数据采集、清洗和处理的过程中严格控制。

第六，数据存储和处理技术。传统的数据库系统在面对大规模、多样化的数据时显得力不从心，因此，分布式存储系统和并行计算框架应运而生。Hadoop、HDFS 和 MapReduce 等技术的引入，使得大数据的存储、管理与分析成为可能。这些技术不仅提高了数据处理的效率，还为大数据在各领域的广泛应用提供了技术保障。

第七，数据生命周期。大数据的生命周期涵盖了数据的生成、传输、存储、分析和保留等各个环节。数据从采集到最终转化为决策支持的过程中，每一个环节都至关重要。数据生命周期管理的有效性直接影响到数据的利用效率和业务价值。数据的生命周期管理不仅需要考虑技术因素，还需关注数据安全、隐私保护和法律合规等方面的要求。

（二）大数据的主要影响

1. 大数据对思维方式的影响

大数据时代最大的转变就是思维方式的三种转变：全样而非抽样、效率而非精确、相关而非因果。

（1）全样而非抽样。在传统数据分析中，抽样方法常用于从庞大的数据集中选取一个较小的样本，通过对样本的分析推测整体情况。然而，大数据时代的到来使得这种基于抽样的分析方法逐渐被全样数据分析所取代。全样数据分析不再局限于抽样所带来的样本偏差与误差，而是能够对全部可用数据进行分析。这种方法的优势在于能够更加全面、准确地刻画数据全貌，捕捉数据中潜在的微小变化和复杂模式。全样数据分析不仅提升了数据分析的精确度，还为更为全面的决策制定提供了坚实的基础，从而有效避免了抽样分析中可能引入的各种偏差。

（2）效率而非精确。传统数据分析通常追求高精确性，需要大量的时间和资源来完成数据的收集、清洗与分析。相较之下，大数据时代的分析更加强调效率而非绝对精确。大数据技术的发展使得庞大的数据集能够在更短的时间内被处理和分析，虽然这种快速分析可能无法达到传统意义上的百分之百精确，但其显著提升了数据分析的时效性。快速获取数据见解并及时采取行动，成为企业提升敏捷性与竞争力的重要手段。这种效率优先的思维方式促使分析者在面对大量数据时，更加注重及时性与效益，而非仅仅拘泥于精确度的要求。

（3）相关而非因果。在大数据时代，数据量的激增使得相关关系的发现变得更加容易。海量数据中往往蕴含着大量的相关性，但相关性并不等同于因果性。以往的分析更多聚焦于因果关系的确立，而在大数据分析中，相关性被频繁用于探索数据之间的联系。然而，仅仅依赖相关关系进行判断，可能导致错误的结论与决策。大数据的相关性分析要求更加谨慎地解读数据关系，同时需要借助其他方法进行更深入的验证与分析，以确定是否存在真正的因果关系。这种转变要求数据分析者在面对相关性结果时，保持批判性思维，避免被表面的数据相关性误导。

2. 大数据对社会发展的影响

随着信息技术的飞速发展，大数据已经成为一种新的决策方式。传统的决策过程通常依赖于有限的数据样本和经验，但大数据技术允许我们分析庞大的数据集，揭示隐藏在其中的模式和趋势。这种基于数据的决策方式更加客观、准确，并且可以帮助政府、企业和组织更好地应对挑战和机会。例如，政府可以利用大数据来制定更精确的政策，企业可以根据消费者数据来调整市场策略，医疗领域可以通过分析大数据来提高诊断和治疗的准确性。

大数据的迅猛发展不仅对现有技术和应用产生了深远影响，同时也推动了新技术和新应用的不断涌现。数据科学、人工智能、机器学习等领域都因大数据的支持而蓬勃发展，而这些领域的不断进步又反过来促进了更广泛的大数据应用。例如，自动驾驶汽车的进步依赖于大数据的实时传感器数据和机器学习算法；医疗领域的基因组学研究受益于大规模基因数据的深度分析；智能城市的建设则借助大数据来改善交通、环境和城市管理。大数据的不断演进将继续孕育新技术和新应用，为社会发展带来更多创新和机遇。

3. 大数据对就业市场的影响

大数据技术的迅猛发展，不仅革新了传统行业的运营模式，更在就业市场上掀起了一场深刻的变革。自 2010 年以来，数据科学家这一职位从鲜为人知迅速崛起，成为高科技劳动力市场中的明星角色，其职业发展前景之广阔，几乎预示着未来职业结构的一个新趋势。这一转变，不仅体现在数据科学家职位需求的激增上，更深刻地反映了大数据技术在各行各业中的广泛应用和深远影响。

互联网企业、零售业以及金融领域，作为大数据应用的前沿阵地，对数据科学家的需求尤为迫切。这些行业通过大数据分析，优化决策过程，提升运营效率，增强市场竞争力。因此，数据科学家作为大数据时代的关键人才，其市场紧缺程度日益加剧。特别是随着非结构化数据量的爆炸式增长，未来市场对能够高效处理和分析这类数据的数据科学家的需求，预计将呈现持续增长的态势。这不仅为数据科学家提供了广阔的职业舞台，也为就业市场注入了新的活力和机遇。

4. 大数据对人才培养的影响

面对大数据时代对人才的新需求，传统的人才培养模式已难以满足市场的实际需要。当前，国内的数据科学家主要是在企业实践中成长起来的，这种模式虽然具有一定的实效性，但难以满足大数据行业对人才的大规模、高质量需求。因此，高校作为人才培养的主阵地，必须承担起培养大数据人才的重任。

高校在培养数据科学家时，应采取"引进来"与"走出去"相结合的策略。通过加强与企业的合作，引进相关数据资源和实战经验丰富的人才，为学生构建接近企业实际应用的大数据实战环境。这种环境不仅能够使学生深入了解企业业务需求和数据形式，还能为他们未来的数据分析工作打下坚实基础。同时，高校还应积极鼓励学生走出校园，进入具备大数据应用环境的企业进行实践活动，通过产、学、研合作，提升教师的实战能力，为更好地培养数据科学家人才提供有力支撑。

在课程体系设计上，高校应打破学科界限，设置跨院系、跨学科的"组合课程"。这种课程设计旨在整合计算机、数学、统计等不同学科的教学资源，构建联合教学师资力量，共同培养具备大数据分析基础能力的数据科学家。通过这样的课程体系，学生可以全面掌握从数学、统计学到数据分析、商业分析、自然语言处理等多方面的知识，形成独立获取知识的能力，并具备较强的实践能力和创新意识。

（三）通信系统中的大数据

1. 在通信网络管理中的大数据

在通信网络的管理与运维中，大数据技术的应用十分广泛。传统的通信网络管理主要依靠人工操作和固定的规则集，难以应对日益复杂的网络环境和多样化的用户需求。大数据技术的引入，为通信网络管理提供了智能化和自动化的手段。

（1）故障预测与预防维护。通过对历史故障数据的分析，大数据技术可以构建故障预测模型，对潜在的网络故障进行预测。这种预测能力使得运维人员能够在故障发生前采取预防措施，减少网络中断的可能性，提高了网络的可靠性。同时，预防性维护还可以降低维护成本，提升用户体验。

（2）用户行为分析与业务优化。大数据技术可以对用户的行为进行全面的分析，挖掘用户需求和偏好。通过对用户数据的深度分析，通信运营商可以识别不同用户群体的特点，为其提供定制化的服务和产品。这不仅提高了用户满意度，还增加了业务收入。

2. 通信系统安全中的大数据

通信系统的安全性是保障整个网络正常运行的关键。随着大数据技术的应用，通信系统的安全性得到了进一步提升。

（1）实时监控与入侵检测。大数据技术可以对通信系统中的海量日志数据进行实时分析，快速识别异常行为。例如，通过对网络流量数据的实时分析，可以发现异常流量或恶意攻击行为，并及时采取应对措施。这种实时监控能力极大地提高了通信系统的安全性。

（2）威胁情报与安全预测。大数据技术还可以对历史安全事件和威胁情报数据进行分析，构建威胁预测模型。通过对威胁情报的分析，通信系统可以提前识别潜在的安全威胁，并制定相应的防护策略。此外，大数据技术还可以通过机器学习算法对新的威胁模式进行学习，不断提升安全防护能力。

（3）数据隐私保护与合规管理。随着用户数据的重要性日益凸显，通信系统在数据隐私保护和合规管理方面面临着越来越多的挑战。大数据技术可以帮助通信系统实现对用户数据的精细化管理和保护。例如，通过数据脱敏技术和加密技术，可以有效保护用户的个人隐私信息不被泄露。同时，大数据技术还可以帮助通信系统遵循相关法律法规的要求，确保数据处理的合规性。

第三节　人工智能与通信系统：智能化网络的构建

通信系统是现代社会信息传递的核心基础设施，而人工智能（AI）的发展为通信系统带来了新的变革与挑战。随着通信技术的不断演进，从传统的有线通信到无线通信，再到如今的 5G 网络，通信系统已经不仅仅是简单的信息传递工具，而是逐渐演化为智能化、自动化的复杂网络体系。在这一过程中，人工智能的引入使得通信系统在智能管理、优化和服务质量提升方面具有了显著优势。

人工智能技术在通信系统中的应用主要依赖于其强大的数据处理与学习能力。通信系统作为一个高复杂度的网络环境，拥有海量的实时数据和多维度的信息流动，这为人工智能技术的应用提供了丰富的数据基础。人工智能算法可以从这些数据中挖掘出潜在的规律，从而实现对网络资源的优化分配、对故障的智能诊断以及对通信质量的动态调控。这种结合不仅提升了通信系统的性能和可靠性，也为未来的智慧城市、物联网和工业互联网等领域的进一步发展奠定了基础。

一、人工智能在通信系统中的应用场景

（一）智能网络规划与部署

在传统的网络规划与部署中，往往依赖于人工的经验和判断，这不仅效率低下，且难以应对复杂多变的网络环境。人工智能技术的引入，使得网络规划与部署更加智能化。通过大数据分析和机器学习算法，系统可以自动分析网络流量、用户行为、地理位置等多种因素，从而生成最优化的网络布局方案。此外，深度学习技术还可以对网络拓扑结构进行预测和优化，进一步提高网络的覆盖率和传输效率。

（二）智能网络运维管理

网络运维是网络生命周期中不可或缺的一环。传统的人工运维方式存在响应速度慢、故障排查难度大等问题。而人工智能技术则可以通过实时监测网络状态、自动发现潜在故障、预测未来趋势等手段，实现网络的智能化运维管理。例如，基于深度学习的异常检测系统可以及时发现网络中的异常流量或行为模式，从而有效防范网络攻击和数据泄露。同时，智能运维系统还可以根据网络负载和资源利用情况，自动调整网络配置，实现网络的动态优化。

（三）智能网络资源管理

网络资源管理是通信系统中的重要环节，它直接关系到网络的性能和用户体验。人工智能技术可以通过对网络资源的全面监测和分析，实现资源的智能分配和调度。例如，基于深度学习的负载均衡算法可以根据实时网络流量和用户请求情况，自动调整服务器的负载分配，确保网络服务的稳定性和高效性。此外，人工智能还可以帮助运营商进行网络容量的精准规划和预测，从而提前部署必要的资源以应对未来的业务需求增长。

（四）智能网络安全防护

网络安全是通信系统中的关键问题之一。随着网络攻击的日益复杂化和多样化，传统的安全防护手段已经难以满足需求。人工智能技术则可以通过深度学习和机器学习方法，实现对网络威胁的智能识别和预警。例如，基于深度学习的入侵检测系统可以对网络流量进行实时分析，发现潜在的攻击行为并及时发出警报；同时，通过机器学习算法对历史攻击数据进行分析和建模，还可以预测未来可能出现的威胁类型并制定相应的防护措施。

二、人工智能在通信系统中的关键技术

第一，机器学习算法。机器学习算法是人工智能在通信系统中应用的基础。通过训练和优化机器学习模型，系统可以自动从网络数据中提取有用信息并生成决策。常见的机器学习算法包括支持向量机（SVM）、决策树、神经网络等。这些算法在智能路由决策、流量预测、异常检测等方面发挥着重要作用。

第二，深度学习技术。在通信系统中，深度学习技术可被用于网络流量的智能分类和识别、网络拓扑结构的预测和优化、用户行为的精准分析等方面。例如，基于深度学习的图像识别技术可以用于网络设备的自动检测和识别；而基于循环神经网络的时间序列预测模型则可以用于网络流量的精准预测。

第三，自然语言处理技术。在通信系统中，NLP 技术可被用于智能客服、语音助手等方面。例如，基于 NLP 的智能客服系统可以自动识别用户的语音输入并生成相应的回复；而基于 NLP 的语音助手则可以根据用户的语音指令完成各种任务操作。

第四，计算机视觉技术。在通信系统中，计算机视觉技术可以用于网络设备的自动检测和识别、网络环境的实时监测等方面。例如，通过移动摄像头或专用 App 对设备安装情况及施工人员的安全配套设施进行图像拍摄，并利用 AI 技术进行设备类型和位置的识别及实时反馈审核结论。

三、人工智能在通信系统中的未来展望

随着 5G 技术的普及和未来 6G 技术的研发推进，通信网络将更加智能化、高效化和安全化。智能化网络的构建将更加注重跨领域技术的融合与创新发展。具体表现在以下方面：

第一，跨领域技术融合。人工智能将与大数据、云计算、物联网等技术深度融合，共同推动通信网络向更高层次发展。通过跨领域技术的融合应用，将实现更加高效的数据处理、资源分配和安全防护能力。

第二，边缘计算与云协同。边缘计算技术的发展将使得数据处理和分析更加靠近数据源端点，提高数据处理效率和响应速度。同时与云计算技术协同工作将实现更加灵活的网络架构和资源配置方式。

第三，自智网络发展。自智网络将成为未来通信网络数智化发展的重要方向。通过引入深度学习和增强学习等前沿技术，实现对网络数据及业务场

景的深度分析和理解；并赋予网络一定的意识和认知能力以灵活应对各种复杂场景和问题挑战。

第四，隐私保护与数据安全。随着智能化网络的广泛应用和数据量的不断增加，隐私保护和数据安全问题将更加突出。未来技术发展的一个重要方向是加强隐私保护技术的研究和应用，确保用户数据的安全性和隐私性。

结束语

回顾《现代计算机技术与通信系统研究》的篇章，本书系统地梳理了计算机技术与通信系统的发展历程、核心原理及前沿趋势，不仅见证了科技如何深刻地改变着我们的生活方式与工作模式，也深刻体会到技术创新对于推动社会进步的重要意义。本书通过详尽的理论阐述与生动的实践案例，搭建起一座连接理论与实践的桥梁，使读者能够全面而深入地理解这一领域的精髓。

展望未来，我们坚信计算机技术与通信系统将继续以前所未有的速度发展，为人类社会带来更多可能性。随着大数据、云计算、人工智能等技术的深度融合，一个更加智能、高效、互联的世界正在加速形成。作为这一时代的见证者与参与者，我们肩负着推动技术进步、促进产业升级、构建美好未来的重要使命。

因此，期待本书不仅能为读者提供宝贵的知识与启示，更能激发大家的探索精神与创新意识。愿每一位读者都能以本书为起点，继续在科技的海洋中遨游，勇于挑战未知，敢于创新突破，共同书写人类科技发展的新篇章。

参考文献

[1] 蔡敏，刘艺，吴英. 新编计算机科学概论 [M]. 2 版. 北京：机械工业出版社，2023.

[2] 陈立岩，刘亮，徐健. 计算机网络技术 [M]. 成都：电子科技大学出版社，2019.

[3] 郭达伟，张胜兵，张隽. 计算机网络 [M]. 西安：西北大学出版社，2019.

[4] 何文斌，黄进勇，陈祥. 计算机网络 [M]. 武汉：华中科技大学出版社，2022.

[5] 贺杰，何茂辉. 计算机网络 [M]. 武汉：华中师范大学出版社，2021.

[6] 李剑. 计算机网络安全 [M]. 北京：机械工业出版社，2020.

[7] 帅小应，胡为成. 计算机网络 [M]. 合肥：中国科学技术大学出版社，2017.

[8] 王贤君. 现代无线通信系统与技术 [M]. 南京：东南大学出版社，2009.

[9] 夏林中，杨文霞，曹雪梅. 光纤通信技术 [M]. 北京：中国铁道出版社，2017.

[10] 于彦峰. 计算机网络与通信 [M]. 成都：西南交通大学出版社，2019.

[11] 赵雷. 计算机网络 [M]. 上海：上海交通大学出版社，2017.

[12] 朱晓姝. 计算机网络 [M]. 成都：西南交通大学出版社，2017.

[13] 别君华，郑作彧. 超机器城市：智慧城市传播的新唯物主义分析 [J]. 江海学刊，2024（3）：134-144.

[14] 蔡连城. 现代通信网络技术的创新和应用 [J]. 商品与质量，2017（12）：25.

[15] 陈雪萍，马欢，张鹏飞. 基于 RFID 物联网技术的智能仓库系统设计 [J]. 计算机技术与发展，2023，33（4）：96-101.

[16] 符凌翔，张越. 基于电力通信的光纤通信技术应用分析 [J]. 光源与照明，2023（11）：75.

[17] 郝欣. 基于物联网技术的智能城市发展与挑战 [J]. 自动化与仪表，2024，39（7）：157-158，164.

[18] 李海霞，王磊，李智，等. 软件生命周期质量评价方法研究 [J]. 计算机测量与控制，2022，30（8）：264.

[19] 李娟. 计算机技术应用的现状与发展[J]. 电子技术与软件工程，2017（7）：141.

[20] 李来存. 基于物联网技术的信息系统数据存储系统 [J]. 信息技术，2024（5）：120-126，132.

[21] 李妮. 软交换网络中关键技术研究应用和未来发展趋势[J]. 科技风，2018（33）：71.

[22] 李晓辉. 面向智慧城市的物联网基础设施关键技术研究 [J]. 计算机测量与控制，2017，25（7）：8-11.

[23] 梁昊. 云计算技术在计算机大数据分析中的运用——评《云计算与大数据》[J]. 科技管理研究，2020，40（16）：1.

[24] 梁静远，毛双双，柯熙政，等. 无线光通信系统中的噪声模型研究进展 [J]. 电子测量与仪器学报，1.

[25] 刘爽，史国友，张远强. 基于 TCP/IP 协议和多线程的通信软件的

设计与实现［J］. 计算机工程与设计，2010，31（7）：1417-1420，1522.

［26］ 刘武，杨路，段海新，等. OSI 网络与 TCP/IP 网络的安全互联［J］. 计算机工程，2003，29（19）：26-28.

［27］ 马国洋，丁超帆，胡锴溥. 智慧城市发展的制度化保障路径［J］. 城市发展研究，2023，30（9）：中插 1-中插 4.

［28］ 马艳梅，章科峰. 基于自适配通信环境技术的船舶导航和通信系统［J］. 舰船科学技术，2020，42（8）：79-81.

［29］ 彭泽武，冯歆尧，谢瀚阳. 基于 LoRa 无线技术的台区配用电电能物联网监测系统研究［J］. 自动化技术与应用，2023，42（5）：166-169.

［30］ 綦声波，苏志坤，江文亮. 以太网技术在 ROV 通信系统中的应用研究［J］. 机电工程，2018，35（5）：540-544.

［31］ 沈鑫. 软件项目质量管理的研究探讨［J］. 中国新通信，2023，25（5）：22.

［32］ 王峰. 浅谈分组交换网交换技术的应用研究［J］. 科技研究，2014（17）：43.

［33］ 王谦. 计算机技术发展史话发展篇——电子管晶体管计算机时代［J］. 北京宣武红旗业余大学学报，2009（2）：59.

［34］ 夏梦芹，鲁珂，刘念伯，等. 计算机网络体系结构研究［J］. 计算机科学，2005，32（4）：104-106，230.

［35］ 胥彦玲，刘鲁静. 智能制造中工业物联网前沿技术的布局特征分析［J］. 科技管理研究，2024，44（13）：161-168.

［36］ 薛董敏. 计算机网络路由交换技术的应用研究［J］. 软件，2022，43（8）：58.

［37］ 杨磊，陈居现. 基于以太网的数据通信软件开发［J］. 南阳理工学院

学报，2018，10（4）：37.

［38］ 杨丽，杨洋，向志强. 基于 OSI 的便携式综合信息数据处理系统检测设备的设计［J］. 舰船电子工程，2022，42（10）：105-109.

［39］ 郁伟慧. 基于 OSI 参考模型的融媒体平台网络的安全分析［J］. 电视技术，2022，46（6）：191-193.

［40］ 张勇. 媒资管理系统中音频编码的选择［J］. 广播与电视技术，2018，45（6）：77.

［41］ 周毅. 计算机网络通信安全中数据加密技术的应用——评《基于硬件逻辑加密的保密通信系统》［J］. 科技管理研究，2021，41（7）：231.